DANIELA BAUAB

DOPING CORPORATIVO

o uso de medicamentos para aumento de produtividade

Labrador

© Daniela Bauab, 2025
Todos os direitos desta edição reservados à Editora Labrador.

Coordenação editorial Pamela J. Oliveira
Assistência editorial Leticia Oliveira, Vanessa Nagayoshi
Direção de arte e capa Amanda Chagas
Projeto gráfico Vinicius Torquato
Diagramação Nalu Rosa
Preparação de texto Lívia Lisbôa
Revisão Ana Clara Werneck

Dados Internacionais de Catalogação na Publicação (CIP)
Jéssica de Oliveira Molinari - CRB-8/9852

Bauab, Daniela
    Doping corporativo: o uso de medicamento para aumento de produtividade / Daniela Bauab.
    São Paulo : Labrador, 2025.
    96 p.

    ISBN 978-65-5625-743-3

    1. Produtividade no trabalho 2. Medicamentos I. Título

25-1194   CDD 650.14

Índice para catálogo sistemático:
1. Produtividade no trabalho

Labrador

Diretor-geral Daniel Pinsky
Rua Dr. José Elias, 520, sala 1
Alto da Lapa | 05083-030 | São Paulo | SP
contato@editoralabrador.com.br | (11) 3641-7446
editoralabrador.com.br

A reprodução de qualquer parte desta obra é ilegal e configura uma apropriação indevida dos direitos intelectuais e patrimoniais da autora. A editora não é responsável pelo conteúdo deste livro. A autora conhece os fatos narrados, pelos quais é responsável, assim como se responsabiliza pelos juízos emitidos.

Ao Leo

Sumário

Prefácio —————————————————— 7
Introdução ————————————————— 9

Contexto contemporâneo ——————— 11
As transformações ——————————— 12
Consequências das mudanças ————— 15
Cultura da dopamina ————————— 19
TDAH: o transtorno da vez ——————— 24

Doping no esporte ——————————— 29
Doping em seu contexto ———————— 31
Doping no contexto político —————— 33
Doping no contexto coletivo —————— 37
Doping no contexto individual ————— 41

A era da performance ——————————— 47
É preciso performar ——————————— 48
Medicamento como recurso de performance — 50
Performance no ambiente corporativo ——— 55

Doping corporativo ———————— 59
O fenômeno ——————————— 60
A pesquisa ———————————— 62
Resultados ———————————— 66
Considerações finais ———————— 77

O novo estilo de vida ———————— 83

Referências ——————————— 87

Prefácio

Daniela Bauab traz um inquietante retrato de como a performance é um imperativo no contexto contemporâneo e, com base em dados históricos sobre o doping nos esportes, o uso de medicamentos como "canetas emagrecedoras", bem como apoiada em sua própria pesquisa com gestores no mundo dos negócios, cria o instigante conceito de doping corporativo. As metáforas do esporte permeiam o ambiente empresarial, diz Bauab; o coaching, os times de alta performance, a necessidade de vencer a qualquer custo e "os fins justificam o meio", quando a obtenção das drogas utilizadas se dá pela venda ilegal, sem receita.

Embora o livro seja leve e fácil de ler, a realidade apresentada escancara o contexto de excessos em que vivemos seja no trabalho, nos hábitos de consumo ou na sobrecarga de informação que as plataformas digitais veiculam. A autora apresenta o contexto de vida dos profissionais entrevistados, em que a depressão, a ansiedade, a instabilidade emocional, a compulsão alimentar, o sobrepeso e a sobrecarga de trabalho mostram a solidão que permeia as experiências cotidianas desses gestores. Nas empresas, isso não é falado abertamente, mas se sabe do uso e quem usa sabe quem usa, por causa dos comportamentos típicos que essas drogas produzem. Na era da performance, remédios para emagrecer e "chips da beleza" são atrativos, ainda que os efeitos colaterais existam e os efeitos a longo prazo sequer tenham sido pesquisados. Questionados sobre os efeitos colaterais, os entrevistados falam da dificuldade para dormir e do receio de abrir mão do medicamento e perder o foco e o desempenho.

O conceito de doping corporativo ajuda a compreender o uso de medicamentos para aumentar a performance no trabalho, em culturas organizacionais que exigem perfeição a qualquer custo. O retrato aqui apresentado é preocupante e deveria ser pauta prioritária para as empresas que se preocupam com a saúde de seus funcionários. Bauab evita fazer julgamentos sobre o comportamento dos usuários; não se trata disso. A questão de urgência é rever como as empresas organizam as dinâmicas do trabalho, com sobrecarga e exigências alcançáveis apenas para super-heróis.

Agradeço o convite para fazer o prefácio deste trabalho tão relevante no contexto corporativo contemporâneo, e registro a alegria que foi orientar Daniela Bauab no Programa de Mestrado Profissional em Gestão para Competividade, na linha de Gestão de Pessoas, na FGV EAESP. Precisamos, cada vez mais, de gestores de pessoas (e de todas as áreas) que cuidem de suas equipes e que promovam ambientes saudáveis na organização do trabalho. Coincidentemente, escrevo este texto no Dia dos Trabalhadores, que somos todos nós. Parabéns, Daniela, por seu cuidado com as pessoas; que seu livro chame a atenção para uma questão essencial na saúde mental dos gestores.

Maria José Tonelli
Professora titular da Escola de Administração de
Empresas de São Paulo (FGV – EAESP)

Introdução

Em 2022 comecei a perceber um movimento em torno de um fenômeno que, de fato, despontava nas organizações e dava origem a artigos que me interessaram: "o uso de medicamentos para aumento de produtividade no trabalho". Eu estava no meio do meu mestrado profissional na Fundação Getulio Vargas (FGV) e achei que poderia ser uma excelente oportunidade de pesquisa, do ponto de vista social e emocional, revelando impactos na relação com o trabalho, tanto para os profissionais como para as organizações.

O nome "doping corporativo" veio emprestado do esporte. Além do conceito de doping na prática esportiva, os jargões da área adentraram o mundo corporativo como sinônimo de bravura, competitividade, autoconfiança e autocontrole. O coach, a equipe de alta performance e os players são exemplos desses jargões corporativos. Dessa forma, achei oportuno usar a expressão doping corporativo para descrever o uso de medicamentos como meio para ser mais produtivo no trabalho.

O objetivo deste livro é contar o que tenho estudado e observado sobre o tema e trazer à luz o fato, sem viés ou juízo de valor, para que cada leitor, como pessoa física ou jurídica, faça a sua interpretação dos impactos em sua vida e empresa.

Boa leitura!

CONTEXTO CONTEMPORÂNEO

Os tempos são líquidos porque tudo muda tão rapidamente. Nada é feito para durar, para ser sólido.

(Zygmunt Bauman)

As transformações

O comportamento social se configura a partir do seu contexto, assim como contextos sociais podem ser definidos por comportamentos em massa. Por isso, considero importante dedicar um capítulo deste livro para falar sobre a forte influência do final do século XX aos dias atuais, no fenômeno que é tema central deste livro.

As transformações que vêm acontecendo neste período são impulsionadas por uma combinação de fatores, e considero relevantes quatro deles: a revolução tecnológica; a globalização; a estrutura familiar e o padrão de vida; o trabalho e a carreira.

O avanço da tecnologia, especialmente a popularização da internet nos anos 1990 e o surgimento das redes sociais no início do século XXI, transformou a forma como as pessoas se comunicam, como consomem informação e como interagem socialmente. A tecnologia trouxe novas dinâmicas nas relações interpessoais, como as amizades on-line e as conexões globais, além de novas formas de trabalho e aprendizado. As plataformas como Facebook, Twitter (hoje chamado de X), Instagram e TikTok tornaram-se meios centrais de socialização e de autoexpressão. Além de gerarem novas dinâmicas nas relações interpessoais, também geram impactos nas dinâmicas sociais e culturais, onde a imagem e a presença digital muitas vezes superam o contato físico. A automação e a inteligência artificial transformaram setores econômicos inteiros, mudando a forma como as pessoas trabalham e vivem. Surgiram novos tipos de emprego, enquanto muitos outros se tornaram obsoletos.

Do ponto de vista da globalização, a partir dos anos 1980 e 1990, a liberalização do comércio e a expansão das multinacionais contribuíram para uma maior interconexão dos mercados globais. Produtos, serviços e informações passaram a circular de forma mais rápida e acessível, criando uma interdependência econômica entre países. Com a integração econômica, as trocas culturais aumentam — na moda, no cinema, na música. O aumento da migração, tanto forçada (no caso de refugiados) como voluntária (por trabalho ou estudo), também contribuiu para o multiculturalismo e a troca de experiências culturais, especialmente em grandes centros urbanos.

A estrutura familiar e tradicional foi reconfigurada com o aumento de famílias monoparentais, de casais do mesmo sexo, de casais sem filhos e de outras formas de organização familiar. Vale destacar, também, a pílula anticoncepcional, que teve um impacto social abrangente em 1960, sendo considerada um marco no feminismo e associada à revolução sexual, o que também coloca a reprodução como um fator de escolha. Outra característica de estilo de vida, talvez mais percebida na sociedade ocidental, é a valorização do individualismo, da independência e da autorrealização. Isso se refletiu em estilos de vida mais focados em experiências e bem-estar pessoal, como viagens, hobbies e autocuidado.

Quando olhamos para as novas configurações do mercado de trabalho e da carreira, vemos que o emprego formal foi gradualmente substituído por uma economia de serviços, e o surgimento do trabalho temporário ou freelance trouxe mais flexibilidade, mas também mais insegurança. Com a pandemia de covid-19, o trabalho remoto tornou-se comum, acelerando uma tendência que já estava em curso.

Todos esses fatores influenciam a forma como vivemos e nos relacionamos nos dias de hoje.

Consequências das mudanças

Um dos autores que define com precisão o conceito de "modernidade" é o sociólogo e filósofo polonês Zygmunt Bauman. Ele a define como "líquida"; fluida, heterogênea, maleável, incerta, rápida e imprevisível; em oposição ao estado anterior, definido por ele como "sólido": um contexto mais rígido, previsível, repressivo, de comando e controle, tradicional e de certezas. Dentre as suas teorias sobre como as relações se configuram na modernidade, Bauman fala sobre o consumo e a individualidade como marcantes na cultura moderna líquida. A relação com o tempo e espaço é imediatista e de curto prazo. A relação com o trabalho é menos duradoura, e as relações profissionais são mais instáveis e efêmeras. As incertezas da era líquida geram medo e ansiedade. Há uma dualidade entre segurança e liberdade; pois, ao mesmo tempo em que temos liberdade e autonomia de escolha, sentimos insegurança diante da responsabilidade que assumimos por ela.

Diante desta interpretação de modernidade, e quando há um contexto anterior para análise e comparação, notamos os impactos positivos e negativos na sociedade e no indivíduo. Considero importante entendermos quais são as vantagens, neste novo contexto que ainda se desenha, e quais os pontos de atenção.

Podemos fazer muitas leituras de aspectos positivos, como a facilidade de acesso à informação e à educação, com a democratização do conhecimento.

A internet possibilitou um acesso quase ilimitado a recursos educacionais: plataformas de e-learning, cursos on-line gratuitos e bibliotecas digitais tornaram a educação mais acessível a pessoas de todas as partes do mundo, reduzindo barreiras geográficas e socioeconômicas. O uso de tecnologia na educação permite que o aprendizado seja mais adaptado às necessidades individuais dos alunos, ajudando-os a aprender no seu próprio ritmo e a acessar uma gama maior de disciplinas e especialidades.

Os avanços em saúde e qualidade de vida também se destacam. Avanços científicos e tecnológicos no campo da saúde, como a biotecnologia, a medicina personalizada, vacinas e tratamentos avançados têm melhorado significativamente a expectativa e a qualidade de vida. A telemedicina, por exemplo, possibilita o acesso a cuidados médicos de maneira remota e eficiente. A sociedade passou a falar mais abertamente sobre saúde mental, reduzindo o estigma em torno de condições como depressão, ansiedade e outros transtornos psicológicos. Isso resultou em um maior acesso a tratamentos e na promoção de bem-estar emocional.

No trabalho, percebemos mais liberdade e flexibilidade: o trabalho remoto, por exemplo, permitiu que muitas pessoas trabalhassem de casa, promovendo um equilíbrio entre vida profissional e pessoal. Isso também ampliou as oportunidades de trabalho para pessoas em regiões remotas, eliminando a necessidade de deslocamentos diários. A economia criativa incentiva o empreendedorismo com novos negócios on-line, vendas de produtos ou serviços em plataformas digitais e o surgimento de novas profissões no mundo digital. Isso democratizou o acesso ao mercado global, especialmente para pequenos empreendedores e profissionais autônomos.

A valorização da individualidade também é um ponto a se destacar. A sociedade tem se tornado mais aberta e tolerante em relação à diversidade de estilos de vida e escolhas pessoais. Isso possibilita que as pessoas busquem formas de viver mais autênticas, que reflitam seus valores, interesses e aspirações.

Esses impactos positivos mostram como as transformações recentes abriram novas possibilidades para uma vida mais conectada, saudável e inclusiva, tanto individual como coletivamente. No entanto, é importante continuar a buscar formas de equilibrar os avanços com soluções para os desafios que surgem.

E os desafios deste novo contexto, assim como os impactos negativos, são bastante evidentes. O isolamento social e a solidão são marcantes, apesar — ou especialmente por causa — da popularidade das redes sociais, cuja promessa de conectar pessoas não se traduz em conexões mais profundas. Pelo contrário, tendem a promover uma comunicação superficial e rápida (em vez de significativa) e uma desconexão humana, aumentando o isolamento com interações virtuais que substituem o contato humano direto. Além disso, a cultura de *likes* pode criar uma forma de validação artificial, deixando as pessoas vulneráveis a sentimentos de rejeição ou inadequação.

Do ponto de vista da ansiedade e do estresse mental, a exposição à internet e às mídias sociais gera uma sobrecarga de informação dado o fluxo constante de notícias, opiniões e estímulos — muitas vezes negativos. Com isso, surgem os conceitos de "infodemia" (sobrecarga de informação) e o "FOMO" (*fear of missing out*), sensações que geram ansiedade, fadiga mental e dificuldade de concentração.

As pessoas tendem a compartilhar apenas os aspectos positivos de suas vidas, fenômeno intensificado pela "cultura da perfeição", o que leva a comparações irrealistas e gera sentimentos de inadequação, baixa autoestima e insatisfação com a própria vida. O aumento das demandas profissionais e do trabalho remoto pode resultar em longas horas de trabalho e na sensação de que é preciso estar sempre disponível e conectado. Isso tem levado a um aumento dos níveis de burnout, um estado de exaustão física e mental. A produtividade, intensa e rápida, passa a ser uma premissa.

Esses desafios na forma como vivemos, nos relacionamos e enxergamos nossa forma de viver geram novos conceitos e tendências de comportamento social e, como consequência, impactam na saúde dos indivíduos.

Cultura da dopamina

Uma das tendências de comportamento social é a cultura da dopamina.

A busca por uma identidade é forte e constante no contexto atual. Há uma crise de "quem sou" e como posso "dar certo" neste mundo.

As rápidas mudanças culturais e a pressão para se adaptar a novas normas sociais e tecnológicas podem criar uma sensação de crise de identidade. O constante bombardeio de tendências e informações faz com que muitas pessoas sintam a necessidade de se redefinir constantemente, gerando ansiedade sobre quem são ou como devem se apresentar. Além disso, há uma pressão social na cultura contemporânea, que valoriza o sucesso e a produtividade acima do bem-estar e, com isso, vem a sensação de fracasso ou inadequação entre aqueles que não conseguem se adaptar a essa mentalidade competitiva.

Com todas essas mudanças que moldaram um novo estilo de vida, queremos dar certo e estar felizes o tempo todo. Tendemos a buscar a realização, o sucesso e a felicidade a todo o custo, e de forma imediata. Não toleramos esperar o processo natural da condição humana, que prevê altos e baixos, e pressupõe a dualidade das emoções.

É inquestionável a ideia de que estamos vivendo num contexto de excessos, sob vários aspectos: trabalho, informação, consumo. O álcool, os jogos e as drogas passam a fazer parte dessa dinâmica. Estamos vulneráveis ao consumo excessivo e à compulsão. Cria-se, portanto, a "cultura do prazer" ou a "cultura da dopamina", como tenho escutado, com frequência, ultimamente.

A dopamina é um neurotransmissor responsável por levar informações do cérebro para o corpo, e a substância é conhecida como um dos "hormônios da felicidade", já que, quando liberada, provoca a sensação de prazer, satisfação e aumenta a motivação. Por isso tem sido muito estudada, e considero essencial falar sobre ela aqui.

Ted Gioia, um historiador e produtor musical americano, pianista de jazz e crítico cultural, escreveu sobre a cultura da dopamina em seu guia *The Honest Broker*, na plataforma Substack, em fevereiro de 2024. Achei interessante como ele traz uma leitura evolutiva da cultura tradicional, da cultura moderna e da cultura da dopamina em diversas áreas. A figura a seguir é uma reprodução dessa leitura de Gioia, que ele denomina de "ascensão da cultura da dopamina".

A Ascensão da Cultura da Dopamina

	CULTURA LENTA TRADICIONAL	CULTURA RÁPIDA MODERNA	CULTURA DA DOPAMINA
ESPORTES	PRATICAR UM ESPORTE	ASSISTIR UM ESPORTE	APOSTAR EM UM ESPORTE
JORNALISMO	JORNAL	MULTIMÍDIA	CLICKBAIT
VÍDEO	FILME E TV	VÍDEOS	REELS/VÍDEOS CURTOS
MÚSICA	ÁLBUNS	FAIXAS	TIKTOKS
IMAGENS	VISUALIZAR EM GALERIAS	VISUALIZAR NO CELULAR	ROLAGEM NO CELULAR
COMUNICAÇÃO	CARTAS ESCRITAS À MÃO	ÁUDIOS/E-MAIL/MEMORANDOS	MENSAGENS CURTAS
RELACIONAMENTOS	FLERTE/CASAMENTO	LIBERDADE SEXUAL	DESLIZAR EM UM APP

Fonte: adaptado de Ted Gioia, em seu artigo "The State of the Culture".

Notamos, nesta comparação de Gioia, uma transição na forma de acessar a dopamina, de uma forma mais ativa e gradual para uma forma mais reativa e imediata.

Partirei dessa abordagem da cultura da dopamina de Gioia para falar não sobre ela em si, mas sobre a manipulação do seu acesso na obtenção de um "prazer permanente", seja por vícios ou compulsões.

A Dra. Anna Lembke, em seu livro *Nação dopamina*, explica que o excesso desse neurotransmissor por muito tempo pode gerar sofrimento. Quanto mais exposição à dopamina, sem um regulador que faça o equilíbrio entre prazer e sofrimento, mais a sensação de prazer tem seu efeito diminuído, pois vamos desenvolvendo tolerância ao "hormônio da felicidade".

Por outro lado, ao acessarmos o sofrimento, ele se torna mais potente e ganha mais força. Ou seja, a sensação de prazer fica enfraquecida e a sensação de sofrimento é potencializada.

A dopamina é acessada naturalmente em vários momentos e por diversos fatores, tanto em pequenos como em grandes prazeres. O que notamos é uma busca desregulada para que esta dose seja emitida o tempo todo, sem que haja um equilíbrio na dosagem.

Isso é mais do que apenas uma tendência. Pode durar para sempre e pode se tornar um vício, porque é baseado em uma química corporal, não na moda ou estética.

Nosso cérebro recompensa essas breves explosões de distração. A dopamina neuroquímica é liberada, e isso faz com que nos sintamos bem; então, queremos repetir o estímulo. Desta forma, entramos no "loop da dopamina":

LOOP DA DOPAMINA

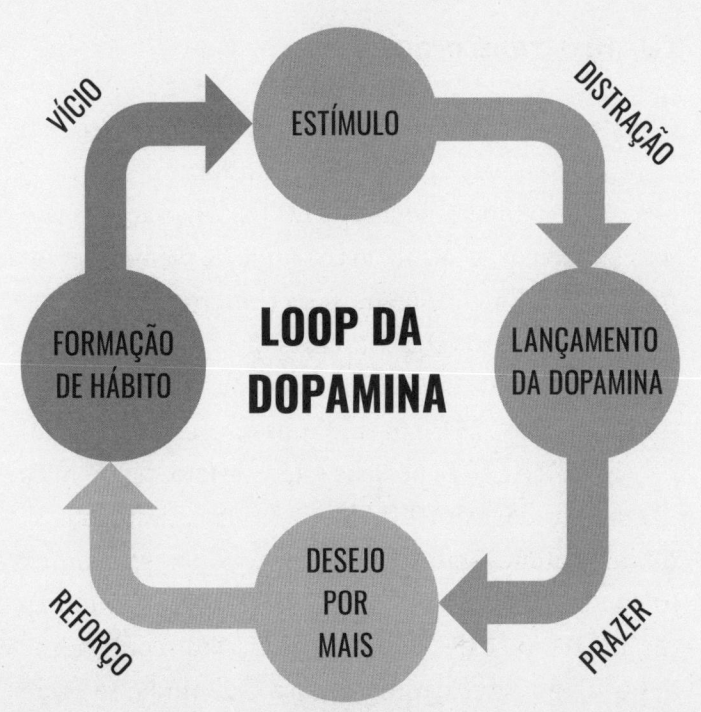

- VÍCIO
- ESTÍMULO
- DISTRAÇÃO
- LANÇAMENTO DA DOPAMINA
- PRAZER
- DESEJO POR MAIS
- REFORÇO
- FORMAÇÃO DE HÁBITO

Fonte: adaptado de Ted Gioia, em seu artigo "The State of the Culture".

Estamos vivendo a cultura da dopamina. Cultura essa que, além do desejo constante de prazer e realizações, valida qualquer meio para se realizar esse desejo, colocando os temas de saúde e ética, portanto, em questão.

TDAH: o transtorno da vez

Com todo esse pano de fundo, outro dado que chama atenção é o aumento dos casos de transtorno do déficit de atenção com hiperatividade (TDAH). E não apenas isso, mas também o aumento do consumo de medicamentos para TDAH. Em uma pesquisa da Universidade Estadual do Rio de Janeiro (UERJ), vemos que houve um crescimento expressivo no consumo de remédios para déficit de atenção de 775% em dez anos (entre 2013 e 2023).

A questão é se as pessoas estão, de fato, sendo mais diagnosticadas com TDAH — já que, atualmente, se dá mais atenção ao tema — ou se todo esse contexto contemporâneo, de muita informação, de tudo ao mesmo tempo e de forma imediata, pode confundir e gerar diagnósticos equivocados. Ou, ainda, se podemos estar diante de um consumo indiscriminado de medicamentos por conta de autodiagnósticos ou por alguma prática social.

Fato é que o TDAH é a "bola da vez": o assunto é recorrente entre crianças, adolescentes, adultos e fontes de informações também (o que se torna um risco para um tema tão sensível, já que, no contexto atual, a veracidade das informações, de diversas fontes, é uma questão).

O primeiro registro sobre déficit de atenção no Manual Diagnóstico e Estatístico de Transtornos Mentais (DSM), organizado pela Associação Americana de Psiquiatria e maior referência da área, foi em 1968 e era chamado de "reação hipercinética da infância", caracterizada por um curto período de atenção, inquietação e hiperatividade. Como não era uma definição muito precisa, já que nem todas as pessoas desatentas são hiperativas, em edições seguintes do DSM a condição recebeu o nome de déficit de atenção (DDA), com ou sem hiperatividade.

No final dos anos 1980, o DDA foi rebatizado para transtorno de déficit de atenção com hiperatividade, nome que usamos até hoje.

Em 2000, o Manual definiu que o TDAH poderia se manifestar de três formas: predominantemente desatenta, predominantemente hiperativa e impulsiva, ou de maneira combinada. A edição mais recente do Manual lista dezoito sintomas para TDAH: nove para desatenção e nove para hiperatividade.

Sintomas de desatenção:

1. Não prestar atenção em detalhes e cometer erros por isso.
2. Perder o foco durante uma atividade.
3. Não se concentrar no que alguém está falando para você.
4. Não seguir instruções até o fim e deixar tarefas pela metade.
5. Apresentar dificuldade de planejamento e organização.
6. Evitar ou adiar tarefas que exigem esforço mental prolongado.

7. Facilidade em perder coisas ou colocá-las fora do lugar.
8. Distrair-se facilmente com o ambiente a sua volta.
9. Esquecer compromissos e combinados.

Sintomas de hiperatividade/impulsividade:

1. Contorcer-se na cadeira e/ou batucar mãos e pés.
2. Não conseguir ficar sentado por muito tempo.
3. Apresentar inquietude.
4. Apresentar incapacidade de ter calma ao brincar ou em outras atividades.
5. Permanecer constantemente ativo.
6. Falar demais.
7. Terminar frases dos outros e responder antes de ouvir o final de uma pergunta.
8. Apresentar dificuldade de esperar a sua vez.
9. Interromper os outros ou intrometer-se na conversa ou no trabalho alheio.

Lendo a lista de sintomas, é fácil nos identificarmos com um ou mais deles, por isso a preocupação com diagnósticos precipitados ou com pouca análise do contexto do paciente.

Os sintomas de TDAH precisam aparecer em duas ou mais esferas da vida do paciente. O DSM classifica o TDAH como um transtorno do neurodesenvolvimento, e isso significa que os sintomas precisam aparecer no começo da vida, antes dos doze anos de idade. Com base nessa classificação, não dá para ter TDAH depois de adulto.

Os medicamentos para TDAH são eficazes em 70% dos casos, tanto em crianças como em adultos. O médico Charles Bradley já vinha estudando o tratamento em um hospital psiquiátrico desde 1937 e, depois de vários testes com estimulantes, surgiu a primeira linha de medicamentos para o transtorno. A disseminação desse tratamento aconteceu na segunda metade dos anos 1950. As principais substâncias são o metilfenidato (Ritalina), e dos derivados anfetamínicos, como é o caso da lisdexanfetamina (Venvanse). Eles aumentam o nível de dopamina no cérebro, regulando a capacidade de atenção e de motivação.

DOPING NO ESPORTE

Saí da certeza de que nunca usaria doping, para decidir, em dez minutos, que iria usar.

(David Millar)

Ao estudar mais a fundo o doping no esporte, notei que os casos mais emblemáticos e marcantes acabam correspondendo a algum dos contextos que defino como: motivador político/cultural, coletivo e individual.

Dedicarei um capítulo deste livro para explorar mais esses três contextos trazendo os casos de doping que marcaram a história, pois há semelhança nos motivadores da prática no esporte com o fenômeno que vemos acontecer atualmente com profissionais nas organizações.

Os casos históricos e surpreendentes do esporte serão fundamentais para ilustrar o doping corporativo.

Doping em seu contexto

O doping no esporte não é um tema atual. Ao contrário, historicamente remonta ao século III a.C., quando atletas gregos e romanos usavam ervas e cogumelos como estimulantes. Embora as tentativas de aperfeiçoar a performance atlética sejam muito mais antigas, a palavra doping foi mencionada pela primeira vez em 1889, em um dicionário inglês. Descrevia, originalmente, um remédio misto, contendo ópio, que era usado para dopar cavalos. *Dope* era uma bebida alcoólica preparada a partir de resíduos de uvas que os guerreiros zulus usavam como estimulante em lutas e rituais religiosos, e que também teria sido chamada de *doop*, em africâner ou holandês. Mais tarde, o significado de droga foi estendido a um sentido mais amplo, abarcando outras bebidas com propriedades estimulantes. A expressão foi introduzida no English Turf Sport por volta de 1900, quando se drogavam — ilegalmente — cavalos de corrida.

Com o advento da farmacologia moderna no século XIX, muitos atletas começaram a experimentar coquetéis de drogas para melhorarem a força e superarem a fadiga. Como essa prática não era ilegal, há bons registros de até onde os atletas iriam para vencer.

O uso de substâncias para obter vantagem competitiva é frequente. A indústria do esporte capitalizou o desejo de superioridade entre os atletas, gastando milhões de dólares por ano para melhorar o equipamento e o vestuário desportivo. Da mesma forma, muitos treinadores profissionais publicam guias de treino, prometendo ensinar os "princípios vencedores" aos atletas por meio dos seus métodos, que são legais e até desejáveis. Mas, quando todos os métodos legítimos são implementados e o atleta atinge o seu desempenho máximo, existe a tentação de procurar substâncias farmacológicas para melhorar ainda mais o desempenho. Sem limites!

Hoje os estimulantes são amplamente utilizados pelos atletas que participam de competições; a obstinação de bater recordes e o desejo de satisfazer um público exigente desempenham um papel cada vez mais proeminente e ocupam uma posição superior à saúde dos próprios concorrentes.

A utilização de meios artificiais para melhorar o desempenho é considerada totalmente incompatível com o espírito esportivo e, por isso, foi condenada. No entanto, todos sabemos que essa regra é continuamente violada e que as competições esportivas são, muitas vezes, mais uma questão de doping do que de treino.

Torna-se uma reflexão importante, pois os atletas são modelos para a sociedade e, ao transmitirem a percepção de que somente por meio das drogas é possível melhorar o desempenho, podem acabar significando um aumento do uso entre os jovens iniciantes. E, estendê-lo, potencialmente, para além do esporte profissional, para a sociedade, de forma mais ampla.

Essa prática, já consolidada no esporte, somada ao novo contexto de sociedade — imediatista, performática e artificialmente munida para os desafios da vida —, não nos deixa perspectivas otimistas.

Doping no contexto político

Talvez o primeiro grande escândalo de doping no esporte tenha sido na República Democrática da Alemanha (antiga Alemanha Oriental), que utilizava os resultados obtidos no esporte como uma forma de projetar a imagem internacional do seu regime. Para isso, criou uma verdadeira estrutura estatal de doping: os atletas com potencial eram selecionados, ainda quando crianças, nas escolas do país, e eram submetidos a experimentos em que uma variedade de drogas eram aplicadas para melhorar o desempenho esportivo.

Esse programa era supervisionado pela Stasi, a polícia secreta alemã, e chegou a recrutar garotos de apenas doze anos, que não sabiam que estavam sendo dopados, para que o país pudesse se destacar nas competições internacionais e demonstrar a "superioridade" do comunismo frente ao "decadente" capitalismo ocidental. Os pais desses atletas menores de idade também não sabiam de nada.

Algumas nadadoras estadunidenses relataram perplexidade ao psicólogo Steven Ungerleider, ex-membro do Comitê Olímpico dos Estados Unidos e autor do livro *Faust's Gold: Inside the East German Doping Machine* (em tradução livre: *O Ouro de Fausto: por dentro da máquina de doping da Alemanha Oriental*), quanto ao aspecto masculinizado das nadadoras da Alemanha Oriental. "A gente tinha que checar o símbolo na porta quando entrava no vestiário com as nadadoras da Alemanha Oriental para saber se era o lugar certo", relatou uma nadadora. Já outra nadadora comenta o comportamento agressivo das colegas: "Elas cuspiam no chão e nos olhavam como se quisessem arrancar nossa língua. Era um tanto surreal, e intimidador."

Um laboratório secreto na cidade de Leipzig estabeleceu as bases químicas do programa: os atletas recebiam o Oral-Turinabol, um esteroide anabolizante derivado da testosterona, fabricado pela farmacêutica estatal VEB Jenapharm. Seu efeito é aumentar massa magra e reduzir o tempo de recuperação após treinos e competições. Mas, como efeitos colaterais, meninas expostas a ele ficavam com uma aparência masculina, com a voz mais grossa e com mais pelos. Hoje, as atletas que foram submetidas ao programa sofrem de várias condições clínicas decorrentes do doping, como diabetes mellitus, hipertensão arterial e problemas renais.

A Alemanha Oriental fazia parte da "Cortina de Ferro" (área de influência da União Soviética) e, como resposta ao boicote do bloco ocidental aos jogos de Moscou, em 1980, não participou da edição de 1984, em Los Angeles. Dessa forma, a Alemanha Oriental competiu como uma equipe distinta em cinco olimpíadas, entre 1968 e 1988.

O resultado do programa de doping veio no número de medalhas. Nos jogos de Montreal, em 1976, a Alemanha Oriental ficou em segundo lugar no quadro de medalhas, à frente dos Estados Unidos. Em Moscou, em 1980 (sem a participação dos Estados Unidos), repetiu a colocação e, em Seul, em 1988 (dessa vez com a presença da equipe dos EUA), repetiu o resultado de Montreal.

Resultados impressionantes para um país de apenas 17 milhões habitantes (média do período de 1968 a 1988), que acumulou, nessas cinco olimpíadas, 443 medalhas: 153 de ouro, 128 de prata e 162 de bronze. Apenas como uma comparação: o Brasil, em 2025, com mais de 200 milhões de habitantes, em 24 participações nos Jogos Olímpicos ganhou 170 medalhas e ficou em vigésimo lugar; a Alemanha, unificada em 1989, após a queda do Muro de Berlim, ficou em décimo lugar no quadro de medalhas nos jogos de Paris em 2024.

Após a queda do Muro de Berlim e da reunificação da Alemanha, os dados sobre esse programa e a revelação do que fazia a Stasi causaram perplexidade. Mas as medalhas não foram cassadas, e algumas marcas permanecem até hoje. Por exemplo: o recorde mundial dos 400 metros femininos foi quebrado no campeonato mundial de atletismo na Austrália, em 1985, por Marita Koch (que, aos 28 anos, correu a distância em impressionantes 47s60, marca nunca mais superada). Nos Jogos de Paris, em 2024, a vencedora dessa prova, a Dominicana Marileidy Paulino, cravou 48s17.

O mesmo vale para Uwe Hohn, recordista do lançamento de dardos, que atingiu 104,80m em 1984. Sua marca provavelmente jamais será superada, pois, por segurança, mudaram o formato dos dardos, alterando seu centro de gravidade e fazendo com que caiam de forma mais perpendicular (o que faz com que não cheguem tão longe). Temos ainda Gabriele Reinsch, recordista do lançamento de disco feminino desde 1986, com 76,80m, marca jamais alcançada por nenhuma outra atleta.

Doping no contexto coletivo

O ciclismo talvez seja o esporte que mais exija do atleta, e o ápice das competições fica na Europa — as provas chamadas de Três Grandes Voltas: Vuelta a España, Giro d'Italia e Tour de France (principal competição do ciclismo), que duram cerca de três semanas, com distâncias superiores a 3.000 km. Em 21 dias de prova são apenas dois dias sem etapas. Os ciclistas competem em equipes do mundo todo, com estratégias e funções variadas (alguns ciclistas fazem a proteção dos atletas principais, para que estes disputem a vitória).

A partir dos anos 1990 começou a suspeita de que alguns ciclistas estivessem usando alguma forma de doping, pois havia uma grande disparidade de performance: os que andavam no pelotão da frente acabavam as provas com alguns minutos de vantagem sobre os demais, algo incomum para um esporte cujas provas, antes, eram decididas por apenas alguns segundos de vantagem. Acreditava-se que a União Internacional de Ciclismo pouco fazia para combater a prática.

Havia uma expressão, dita pelos ciclistas, que quem não se dopava corria a "paniagua" (a pão e água), e que era impossível vencer as provas longas sem o recurso. O primeiro grande escândalo desvendado foi no Tour de France de 1998, quando a polícia interceptou o massagista da equipe Festina com duzentas ampolas de eritropoetina humana (EPO), quase cem ampolas de hormônio do crescimento e dezenas de caixas de testosterona. Ficou comprovado que o esquema era organizado pela equipe, com apoio de sua direção e da área médica. A EPO, substância que estava fora do radar antidoping, aumenta a produção de hemácias no sangue, aumentado a resistência de quem a usa e levando mais oxigênio aos músculos. É como se esses atletas recebessem um combustível extra de ótima qualidade.

Nesse período, surgiu Lance Armstrong, o ciclista mais famoso da história. Lance iniciou o circuito europeu em 1992. Chegou a ter algum destaque, ganhou algumas provas, mas, em 1996, foi diagnosticado com um câncer no testículo. O câncer havia se espalhado para outros órgãos, e os médicos estimavam em 40% sua chance de sobrevivência. Ele fez o tratamento com quimioterapia e, após o término, virou o ciclista principal da equipe estadunidense US Postal Service, pela qual ganhou sete vezes o Tour de France. Em paralelo, criou a Fundação Lance Armstrong para a luta contra o câncer, que tinha como símbolo a pulseira amarela de silicone Livestrong, criada para levantar fundos para a pesquisa sobre o câncer (e que virou verdadeira febre mundial no começo dos anos 2000).

Sempre se suspeitou que Lance usasse a substância, mas ele nunca foi pego em um exame antidoping. Tudo mudou quando dois ex-companheiros de equipe de Lance foram envolvidos com doping. Floyd Landis, vencedor do Tour de 2006, foi pego no exame. Tyler Hamilton, medalhista de ouro em Atenas 2004, foi pego em 2006, quando uma operação policial desbaratou a rede de dopagem comandada pelo médico espanhol Eufemiano Fontes, do qual Hamilton era cliente. Eles revelaram que o doping era sistematicamente organizado dentro da equipe US Postal Service, sob a coordenação do médico da equipe, Dr. Michele Ferrari, e dos seus diretores. Eles escolhiam quais atletas receberiam as substâncias proibidas, organizavam sua distribuição e desenvolviam técnicas para burlar os resultados dos testes.

Em 2010, o governo dos EUA iniciou uma investigação contra a US Postal. Em 2012, o relatório final incluiu o testemunho de onze ex-companheiros de equipe, evidências de uso de substâncias proibidas, como EPO, transfusões de sangue, testosterona e corticoides, e relatos de como Armstrong evitava ser pego em testes antidoping, incluindo manipulações e o uso de médicos especializados em doping, como Michele Ferrari. Em janeiro de 2013, após anos de negações, durante uma entrevista com Oprah Winfrey, Armstrong admitiu a história publicamente, confessando o uso de doping durante suas sete vitórias consecutivas no Tour de France (1999-2005). Lance perdeu os títulos e a União Internacional de Ciclismo começou a combater, de verdade, o doping no esporte. Em 2011, por exemplo, o tempo do vencedor da etapa Alpe d'Huez do Tour de France o colocaria em quadragésimo lugar nessa etapa em relação a 2001, ano em que as equipes usavam EPO sem que isso fosse detectado.

No livro *A corrida secreta de Lance Armstrong*, de Tyler Hamilton e de Daniel Coyle, essas táticas ficam bem claras, e Hamilton explica a decisão de um atleta de ponta de recorrer ao doping. Segundo ele, os atletas aderiam ao esquema no terceiro ano. No primeiro ano, recém-profissionais, estavam animados por estarem lá. No segundo ano, caíam na real, ou seja, que sem o doping dificilmente ganhariam. E, no terceiro ano, enfrentam a encruzilhada do sim ou não, quando muitos chegam à conclusão de que "vai ficar tudo bem, todos usam". Uma vez cruzada a linha, não há como voltar.

Doping no contexto individual

É no atletismo, modalidade mais importante dos jogos olímpicos, que podemos explorar o doping como um motivador individual de competição e de superação para se alcançar melhores resultados e a vitória.

Dois casos marcaram a história, dos atletas Ben Jonhson e Marion Jones. Ben Jonhson, um velocista canadense nascido na Jamaica, era considerado o homem mais rápido do mundo no fim da década de 1980, quando quebrou recordes nos 100 metros rasos; e Marion Jones, uma atleta americana, considerada a mulher mais rápida do mundo pela sua performance na Olimpíada de Verão de 2000 em Sydney.

O caso Ben Jonhson

Com a diminuição das tensões da Guerra Fria, a Olimpíada de Seul em 1988 foi a primeira após algumas edições a contar com a presença de todas as grandes potências do esporte. O diálogo entre os EUA e a União Soviética melhorou, durante o governo de Mikhail Gorbachev, reduzindo o clima de confrontação que havia alimentado os boicotes anteriores.

Na prova mais nobre do atletismo, os 100 metros rasos, o estadunidense Carl Lewis era o grande destaque, tendo sido medalha de ouro nos Jogos Olímpicos de Los Angeles em 1984. Mas havia uma crescente rivalidade com o canadense Ben Johnson, que ganhou a medalha de bronze em Los Angeles, mas bateu Lewis no Campeonato Mundial de Roma de 1987 e em algumas outras provas. O duelo entre os dois era, talvez, o mais esperado daquela edição.

No dia da corrida, Ben Johnson assombrou o mundo, vencendo com certa facilidade e marcando o incrível tempo de 9s79, novo recorde mundial. Virou uma celebridade instantânea e um herói no Canadá, país para o qual emigrou, aos dezesseis anos, deixando a Jamaica. Sua rivalidade com Lewis era tão grande, que Johnson praticamente não olhou para o rival quando esse foi cumprimentá-lo após a vitória.

Porém, três dias após a prova, veio a notícia que chocou o mundo: Ben Johnson testou positivo para estanozolol, um esteroide anabolizante. Foi desclassificado; seu recorde foi cancelado; e a medalha de ouro foi entregue a Lewis. Johnson, que se transformou em um pária no Canadá tão rapidamente quanto tinha virado herói, foi suspenso do esporte por dois anos. Primeiro ele negou o doping, dizendo que fora uma armação para prejudicá-lo. Mas, em 1989, admitiu que se dopava desde 1981 e que sem isso não conseguiria competir no esporte de alto rendimento. No seu retorno às pistas, após a suspensão, foi pego no antidoping novamente e banido do esporte em definitivo.

Em 2003, o jornal *The Orange County Register* noticiou que Carl Lewis não poderia ter disputado os Jogos de 1988 por ter sido flagrado no exame antidoping feito numa seletiva dois meses antes. Seu exame apontou um estimulante achado em antigripais, proibido pelo Comitê Olímpico Internacional (COI). O jornal publicou uma carta dizendo que Lewis recebeu só uma advertência do Comitê Olímpico dos Estados Unidos. O próprio atleta reconheceu que foi pego três vezes no antidoping, mas foi beneficiado pela "vista grossa" da parte do comitê.

Além dos dois, mais quatro atletas que disputaram essa prova foram implicados em casos de doping em algum momento de sua carreira — como atletas ou como treinadores. Apenas o brasileiro Robson Caetano e o norte-americano Calvin Smith mantiveram suas reputações limpas. Por isso, a final dos 100 metros rasos masculino da Olimpíada de Seul ficou conhecida como "a corrida mais suja da história".

Como resultado desse caso de doping, começaram os testes aleatórios, mesmo nos períodos de treinamento e fora das competições. E, em 1999, foi criada a Agência Mundial Antidoping (Wada).

O caso Marion Jones

O laboratório Balco, de São Francisco, na Califórnia, foi fundado por Victor Conte, em 1984, com o objetivo de pesquisar suplementos e vitaminas para atletas profissionais. Não obteve muito sucesso nos anos seguintes, até que, no final dos anos 1990, Conte se associou a um químico chamado Patrick Arnold e ao técnico Greg Anderson, e começou a distribuir sofisticadas drogas para doping de atletas que queriam burlar as regras do esporte sem serem pegos (pois essas drogas ainda não estavam no radar das agências antidoping).

Marion Jones, corredora de velocidade, foi o grande destaque do atletismo dos Jogos Olímpicos de Sydney em 2000, ganhando cinco medalhas, sendo três de ouro. Ela já havia sido campeã mundial, e era considerada a "Carl Lewis de saias". À época, ela era casada com CJ Hunter, arremessador de peso que havia sido banido da olimpíada em 1999 por ter testado positivo para nandrolona, outro derivado da testosterona.

Em 2003, a Agência Americana Antidoping começou uma investigação sobre o laboratório Balco e recebeu, anonimamente, uma seringa usada contendo uma substância misteriosa — que, depois, descobriu-se ser a THG, um esteroide anabolizante. O informante misterioso era o jamaicano Trevor Graham, ex-medalhista olímpico e técnico de Marion Jones. Além dela, também treinava Tim Montgomery, medalhista de ouro em Sydney no revezamento de 100 metros, recordista mundial dos 100 metros em 2002 (com incríveis 9s78) e então namorado de Marion Jones, depois que ela se separou de CJ Hunter.

Um teste para detectar o THG foi desenvolvido; e mais de vinte atletas, muitos deles medalhistas olímpicos, testaram positivo. Todos foram punidos e perderam suas medalhas. Conte, Arnold e Anderson foram condenados a diversas penas de prisão.

Na esteira do escândalo, em 2004, CJ Hunter declarou ao jornal *San Francisco Chronicle* ter visto sua então esposa Marion, na casa em que estavam hospedados durante os Jogos Olímpicos, quatro anos antes, aplicando injeções na barriga. Por muito tempo ela negou envolvimento com doping, e seus advogados diziam que essa declaração de Hunter era por ressentimento por ele ter sido trocado por Tim Montgomery.

Marion nunca foi pega em um teste antidoping e sempre negou seu uso, mas, após vários indícios de sua ligação com a Balco, como cheques, ela confessou em juízo, em 2007, que desde 2003 sabia que utilizava produtos proibidos entre 1999 e 2001, fornecidos pelo seu treinador, Trevor Graham, implicado em vários outros casos de doping. Ela teve todas as suas marcas e medalhas cassadas e ficou presa, por alguns meses, por mentir em uma investigação.

Tim Montgomery, embora também nunca tenha sido pego em um exame antidoping, foi condenado, em 2005, pela Corte de Arbitragem do Esporte, da Suíça, por seu envolvimento no escândalo da Balco e pelo uso do THG.

A ERA DA PERFORMANCE

Socorro, não estou sentindo nada.
Nem medo, nem calor, nem fogo, não
vai dar mais pra chorar, nem pra rir.

(Arnaldo Antunes)

É preciso performar

"Performar" é necessário. Em qualquer aspecto da vida, obter resultados é o desejo de quem busca e a expectativa de quem assiste. E, quanto mais rápida for essa conquista, maior a vantagem em relação a quem se compete.

A busca é por realizar mais e mais rápido. Na vida pessoal e profissional, esse passa ser o mantra da contemporaneidade. A espera, a paciência e o longo prazo perdem espaço. Quem ainda tenta seguir esse ritmo mais gradual e incremental perde o timing e pode receber o rótulo de pouco ambicioso, sem energia e pouco produtivo. O "ser produtivo" passa a ser definido como quem faz mais, mais rápido e com bons resultados, como as máquinas.

A forma como vivemos e nos relacionamos segue o ritmo tecnológico. Se hoje, com apenas um clique, conseguimos chamar um carro, pedir comida, fazer compras, começar ou terminar relacionamentos, como seremos capazes de esperar para aprender, para crescer na carreira profissional, para emagrecer, para criar vínculos ou para realizar coisas na vida?

Chamarei de performance, neste capítulo, o processo de busca por realizações e conquistas; ou seja, qualquer objetivo de vida que se queira atingir e o processo para atingi-lo.

Performar não está apenas relacionado a metas profissionais. Gosto de mencionar o emagrecimento como exemplo, pois o processo escolhido para emagrecer, seja por motivo estético ou por saúde, define a forma de performar. Da mesma forma, podemos pensar na busca por um relacionamento, em como levamos os nossos momentos recreativos ou em como estudamos para uma prova. Como têm sido as nossas escolhas?

Como estamos performando na vida?

Medicamento como recurso de performance

A busca insaciável por se realizar e ser sempre bem-sucedido, e a intolerância à dor e ao fracasso trazem o risco de negarmos a nossa condição humana, e a química passa a ser um dos recursos para driblar essa condição.

O uso de medicamentos para se atingir um resultado de forma mais rápida está se tornando frequente. Mas o foco, aqui, não será sobre seu uso para o aumento de performance no trabalho, pois reservei um capítulo específico para isso mais à frente. Quero dar exemplos de outros fenômenos que também chamam atenção e que cresceram de forma exponencial nos últimos anos.

A busca pelo emagrecimento é um dos casos. Hoje, 56% dos adultos brasileiros apresentam obesidade ou sobrepeso, segundo estudo da Fiocruz. E tem sido comum o uso de medicamentos para se atingir a meta de emagrecer.

Os medicamentos à base de liraglutida e semaglutida (Ozempic, Saxenda, Wegovy, Rybelsus, entre outros) foram originalmente criados para tratar a diabetes mellitus tipo 2. Sempre que nos alimentamos, nosso intestino produz um hormônio chamado GLP-1, que sinaliza ao cérebro que é hora de reduzir a fome e retardar o esvaziamento gástrico. Essas medicações atuam de forma semelhante ao GLP-1, "enganando" nosso cérebro e causando o mesmo efeito. Com isso, diminui-se a fome e o processo de digestão fica mais lento. Para uma pessoa com diabetes mellitus tipo 2, os medicamentos, além de fazerem com que se coma menos, estimulam a produção de insulina no pâncreas e diminuem os níveis de glicemia.

O Ozempic foi lançado no Brasil em 2018, para o tratamento de diabetes. A partir de 2019 começou a ser usado para tratar a obesidade, em um uso *off-label*. Ficou conhecido, nas redes sociais, como "caneta-emagrecedora", pois o remédio vem em uma espécie de caneta para fazer a aplicação. Apesar de seus efeitos colaterais, como náuseas e dores de estômago, seu uso virou uma febre, em grande parte motivada pela rápida perda de peso.

Fabricante do Ozempic, a Novo Nordisk lançou o Wegovy, com o mesmo princípio ativo do Ozempic, mas com doses diferentes. Desde 2023 foi, então, liberado, pela Agência Nacional de Vigilância Sanitária (Anvisa), para tratar a obesidade associada a pelo menos uma comorbidade, como a própria diabetes ou a hipertensão arterial. Mas, segundo a literatura médica, nenhum deles é recomendado para uso de curto prazo por pessoas sem essas condições clínicas, por desejo social de magreza ou perda de peso por motivos estéticos. Até porque estudos recentes mostram que o ganho do peso perdido pode vir rapidamente após a parada da medicação se não houver uma drástica mudança de estilo de vida e hábitos alimentares, visto que a obesidade é uma doença crônica e que requer tratamento contínuo para a manutenção dos resultados.

A reversão rápida do peso também está associada a uma regressão cardiometabólica nos indicadores de saúde. Apenas uma pequena parcela dos pacientes (cerca de 10%, no máximo) consegue manter a perda de peso após parar o medicamento, e a recuperação de peso é geralmente mais rápida que a perda inicial, ocorrendo, em grande parte, nos primeiros seis meses após a interrupção.

Entre 2018 e 2024, as vendas do Ozempic no Brasil cresceram 1.063%, e, apenas no ano de 2023, a farmacêutica dinamarquesa Novo Nordisk faturou 4,3 bilhões de reais com esse medicamento apenas em nosso país. Estima-se que, no mundo, suas vendas tenham gerado uma receita de 14 bilhões de dólares, com 66% das vendas vindas dos Estados Unidos. Com esse aumento, a Novo Nordisk tornou-se a empresa europeia mais valiosa, com valor total em bolsa maior do que 500 bilhões de dólares.

Em 2023, a farmacêutica norte-americana Eli Lilly lançou outro medicamento, o Mounjaro, que tem como princípio ativo a tirzepatida, substância que também é agonista de hormônios do intestino. No entanto, diferentemente da semaglutida (que mimetiza os efeitos do GLP-1), a molécula do Mounjaro tem ação semelhante à de dois desses hormônios: o próprio GLP-1 e o GIP (um peptídeo inibidor gástrico). A ação é semelhante à da semaglutida, com controle do nível de açúcar no sangue e da saciedade.

No entanto, ao acionar os dois hormônios de uma vez, sua atuação é potencializada. Por isso, nos estudos da Eli Lilly, o Mounjaro se mostrou mais efetivo que o Ozempic na redução do nível de hemoglobina glicada, um parâmetro que indica o controle da diabetes tipo 2; e estudos recentes mostram ainda que o Mounjaro seria mais efetivo que o Ozempic (e seus derivados) na perda de peso. Liberado pela Anvisa, no Brasil, para o tratamento de diabetes — mas não para obesidade —, o Mounjaro é trazido do exterior e já se tornou uma verdadeira febre entre quem busca emagrecer, uma espécie de Ozempic 2.0.

Certamente, o emagrecimento que visa a saúde é sempre benéfico. O que não sabemos é se o efeito desse emagrecimento turbinado por medicações desenvolvidas para outros fins, chamado de uso *off-label*, nem sempre associado a mudanças no estilo de vida, prática de atividade física e alimentação saudável é, de fato, sustentável, nem quais seriam os efeitos a longo prazo.

Outra forma de uso *off-label* é a utilização de hormônios para melhorar a performance e a estética. Um exemplo disso é o chamado "chip da beleza", um implante hormonal subcutâneo de gestrinona.

A gestrinona é uma droga originalmente desenvolvida para tratar endometriose, doença que acomete cerca de 20% das mulheres, e que, em casos mais graves, pode causar intensas dores pélvicas e infertilidade. Sua ação para tratar a endometriose está baseada na redução do estrogênio, hormônio produzido nos ovários e que "alimenta" as células de endometriose. Tem também um efeito androgênico, aumentando a produção de testosterona. Nos anos 2000, descobriu-se que o laboratório Balco, de São Francisco, usava um derivado da gestrinona para aumentar ilegalmente a testosterona em atletas de ponta, o que causou um grande escândalo no atletismo (como vimos no caso Marion Jones), e a gestrinona foi proibida nos Estados Unidos, mesmo para o tratamento de endometriose.

No Brasil, ela é aprovada para o tratamento de endometriose. Há alguns anos, médicos começaram a usar o medicamento, sob a forma de implantes subcutâneos, não para tratar endometriose, mas sim para aumentar a testosterona nas mulheres. A testosterona é um hormônio que homens e mulheres produzem em quantidades diferentes e que tem, como ação, aumentar a libido, aumentar o ganho de massa muscular e a disposição — além de reduzir gorduras. Com isso, cria-se um grande produto de marketing: o "chip da beleza", um implante hormonal subcutâneo que utiliza a gestrinona, e é amplamente divulgado como uma solução para melhorar a estética e o desempenho físico, entre outras vantagens, mas usado sem a indicação médica para a qual a droga foi desenvolvida.

O grande risco desse uso são os seus efeitos colaterais, visto que não há um controle da quantidade exata de testosterona produzida, que geralmente excede o valor considerado seguro. Dentre esses efeitos, temos a virilização (voz mais grave, aumento de pelos corporais, acne, hipertrofia de clitóris), alterações no ciclo menstrual (sangramentos irregulares ou ausência de menstruação).

A polêmica sobre isso já dura alguns anos. No final de 2024, a Anvisa decidiu proibir implantes hormonais manipulados para fins de melhora de desempenho, liberando-os apenas para reposição hormonal.

Performance no ambiente corporativo

Desde a revolução industrial, o trabalho se configura como um fazer produtivo, próspero e eficiente no que se refere aos aspectos: técnico, relacionado a tecnologias e à ciência exata; e organizacional, relacionado a ciências humanas — capitaneadas, neste caso, pela economia e pela administração.

O desenvolvimento organizacional teve seu início durante meados da década de 1960, quando Warren Bennis previu que os próximos cinquenta anos seriam de mudanças cada vez maiores, e a única saída para a sobrevivência das organizações seria a adaptação ao novo estilo.

Na sociedade contemporânea, a busca pela excelência e pelo alto desempenho no ambiente corporativo tem sido uma constante. Hoje, na era da informação, as organizações exigem agilidade, mobilidade, inovação, conhecimento do processo produtivo e constantes mudanças para enfrentar as ameaças e encarar as oportunidades que surgem, em um mercado cada vez mais competitivo. Isso faz com que se exija um ambiente de trabalho que estimule o surgimento de novas ideias e o desenvolvimento da criatividade.

Sem descuidar de outros fatores, é importante ter em mente que a produtividade depende de aspectos comportamentais humanos e, principalmente, da cultura inerente a cada organização. O humano faz diferença, então esse fator deve ser levado em conta. Seriamente.

Diante desse cenário cada vez mais competitivo e acirrado, mas em que o humano faz a diferença, notamos a busca dos indivíduos por recursos que os ajudem na produção constante e perene nas organizações. Na última década, observamos um crescimento expressivo de profissionais em busca de recursos para aumentar a concentração, e o equilíbrio emocional e pessoal no ambiente corporativo.

Olhando especificamente para a camada de executivos, a busca por equilíbrio, concentração, expansão de consciência e escuta ativa se deve ao fato de haver, além da pressão já existente no contexto contemporâneo, uma expectativa de que esses profissionais resolvam problemas complexos e tomem decisões importantes com muita frequência.

Por isso, nas últimas décadas, o *mindfulness* ganhou espaço nas organizações, com o objetivo, dentre outros, de proporcionar foco e atenção no momento presente, gerando maior concentração e aumento de produtividade.

Mindfulness ou "atenção plena" é um estado de consciência que envolve estar atento às experiências, momento a momento, de forma receptiva e sem julgamento. Meditação, exercícios corporais, práticas de observação e atenção plena são estruturados de acordo com procedimentos que pretendem focar a atenção no momento presente da experiência vivida pelo indivíduo.

Desenvolver a capacidade de permanecer focado no que estamos fazendo, em um estado de total atenção, leva, naturalmente, ao aumento da concentração e estimula a energia, gerando sensação de bem-estar.

No mundo empresarial, o conceito e a prática de *mindfulness* enfocam uma observação da realidade emocional na empresa, entendimentos menos estreitos, uma visão mais sistêmica, além de auxiliarem no cumprimento da exigência constante de as pessoas serem multitarefas.

Outros recursos que se destacam no ambiente corporativo, com a mesma finalidade de foco, atenção e equilíbrio, são as práticas esportivas. O esporte cativa os administradores de empresas não apenas como um fator de bem-estar físico e emocional, mas como um vetor de formação da personalidade, incutindo ou reforçando atributos como autoconfiança, bravura, combatividade, lealdade, autocontrole, espírito de grupo e respeito pelas regras. Não à toa os jargões esportivos adentraram as organizações na década de 2000 e perduram até os dias de hoje. O coach, o time, os players.

O próprio termo "performance", que, inicialmente, integrava o vocabulário dos entusiastas das corridas de cavalo, é transladado, em 1876, dos animais aos esportistas — lutadores, corredores, lançadores de dardo etc. —, e então passa a abranger as atividades humanas, como sinônimo de desempenho.

Vale a pena esmiuçar a relação entre a trajetória semântica do vocábulo "performance" (uma noção tipicamente moderna, cuja emergência ocorre, não por acaso, após a revolução industrial) e mudanças mais amplas nos horizontes dos valores e das aspirações sociais.

Hoje, o esporte simboliza e promove a imagem do indivíduo autônomo, apto a gerir, com a mesma perícia, tanto a sua saúde quanto a sua aparência física, qualidades que naturalmente terão implicações em sua vida profissional, uma vez que é empreendedor de sua própria existência.

Outro recurso emergente nas organizações (interesse central desta pesquisa e que também permite a analogia com o universo dos esportes) é o uso de medicamentos para melhorar a performance cognitiva. *Pharmaceuticals cognitive enhancers* (PCE), como são denominadas, são as drogas que demonstram melhorar, até certo ponto, algumas características de cognição humana, como atenção, funcionamento executivo (planejamento, desinibição e resolução de problemas), memória e aprendizagem, através da alteração de neurotransmissores.

Em um paralelo com as práticas esportivas (doping), farei referência à prática que se dissemina no ambiente corporativo como "doping corporativo".

DOPING CORPORATIVO

Meu principal motivador foi o dia em que eu fui em uma empresa concorrente encontrar um amigo e ele falou que todos ali estavam de Venvanse. Ah, então é isso! Foi o que me deu mais curiosidade pra tomar e, depois que eu vi o resultado, eu gostei.

(Usuário de medicamento para performar no trabalho)

O fenômeno

Evidências crescentes sugerem que profissionais estão recorrendo ao uso de estimulantes para aumentar o desempenho no trabalho. Ao mergulhar na pesquisa e na literatura, encontrei nos estudos uma forte evidência de busca de recursos medicamentosos, por pessoas saudáveis, como forma de aprimorar o rendimento e a performance profissional. Por exemplo, os ansiolíticos, como o alprazolam, foram usados com o objetivo de melhorar a resposta às exigências do trabalho.

As drogas mais investigadas, e é provável que mais utilizadas, por pessoas saudáveis para aperfeiçoar o desempenho são aquelas destinadas principalmente ao tratamento de doenças neurodegenerativas, do TDAH e da narcolepsia. Os relatos revelam que alguns medicamentos atualmente disponíveis para pacientes com distúrbios de memória também podem aumentar o desempenho em pessoas saudáveis e que medicamentos concebidos para distúrbios psiquiátricos podem ser usados para melhorar certas funções mentais.

Trabalhando com pessoas em grandes organizações há mais de vinte anos, eu me dei conta desse movimento em algumas conversas, ainda tímidas, sobre o uso de Venvanse por alguns executivos, e em artigos que traziam dados sobre o tema.

Uma das matérias que li em 2022 e me chamou a atenção foi a do jornalista João Batista Jr. publicada na *Revista Piauí*, que trazia à luz o uso indiscriminado de Venvanse por profissionais nas organizações corporativas para aumentar a performance. A substância é comercializada em redes sociais sem prescrição, e esse fenômeno começou a preocupar pacientes com TDAH, que precisam do medicamento e não o encontram com facilidade nas farmácias, o que serviria de alerta à própria indústria farmacêutica.

O Venvanse (dimesilato de lisdexanfetamina) foi aprovado no Brasil, pela Anvisa, em julho de 2010, na condição de venda "sob prescrição médica", indicado para o tratamento do TDAH e do Transtorno de Compulsão Alimentar (TCA).

Mas o que notamos é o crescimento do uso do remédio de forma indiscriminada, facilitado pela internet e pelas redes sociais, sem a necessidade de prescrição, com pouco estigma associado e pouca informação sobre os efeitos de seu uso a longo prazo, o que facilita a disseminação dessa prática nas organizações.

Isso é o que denomino "doping corporativo" e que se tornou o tema da minha pesquisa de mestrado.

Nos próximos capítulos, apresento a pesquisa que aconteceu pela Fundação Getúlio Vargas (FGV), apresentada e defendida em fevereiro de 2024.

A pesquisa

Optei por uma pesquisa qualitativa fenomenológica, que é uma modalidade que busca a interpretação através da consciência do entrevistado com base em suas experiências.

A técnica selecionada para a coleta de dados foi a da entrevista individual semiestruturada com profundidade, que permite, ao mesmo tempo, a liberdade de expressão dos entrevistados e a manutenção do foco pelo entrevistador. Essa escolha permitiu entrar, de forma mais aprofundada, no mundo perceptivo das pessoas ouvidas, dando significado às impressões sobre o problema de pesquisa apresentado e, assim, gerar um modelo de comparação de resultados.

É importante considerar que o método qualitativo e o levantamento de dados a partir das entrevistas apresentam vantagens e desvantagens, com alguns pontos de atenção. Como vantagem, a entrevista na pesquisa social pode obter dados em maior profundidade, com altos níveis de adesão, permitindo esclarecer as questões aos entrevistados, se necessário. Ainda permite observar as expressões corporais e demais características dos interlocutores, adequando o formato da entrevista com mais flexibilidade. Como principais pontos de atenção e desvantagens, podemos ressaltar a motivação dos entrevistados e a interferência e influência do entrevistador.

Os entrevistados foram selecionados por uma amostra de conveniência e pelo método *snow-ball*, ou seja, através de indicações de pessoas que pudessem ser relevantes ao estudo e contribuir com a pesquisa, dentro dos critérios de público e tema de estudo.

Ao serem abordados, foi explicado aos entrevistados o contexto da pesquisa e a questão da confidencialidade, que consta no termo de consentimento, tendo sido revisado e aprovado pelo Comitê de Conformidade Ética em Pesquisa da FGV. Ao aceitarem o convite, os termos de consentimento foram entregues para assinatura e as entrevistas foram agendadas, com data, horário e local escolhidos pelos entrevistados.

As entrevistas eram iniciadas com um resgate do contexto do tema de pesquisa, para facilitar a inserção de cada entrevistado na conversa, seguido de pergunta sobre o que o entrevistado sabia sobre o tema. As demais questões, apresentadas no quadro a seguir, foram conduzidas de acordo com a dinâmica da conversa, sem necessariamente seguir uma ordem.

Roteiro para entrevista
O que você sabe ou gostaria de dizer sobre o tema da pesquisa?
Quando começou a usar o medicamento e como buscou essa alternativa?
Qual foi o principal motivador para o uso?
Qual era o seu contexto pessoal e profissional?
Quais são os benefícios em usá-lo? Dê exemplos.
Quais os possíveis efeitos colaterais? Dê exemplos.
Como você percebe esse movimento no ambiente corporativo?
Qual é a sua opinião sobre a dependência do remédio?
Qual é sua idade e sua formação?

Foram realizadas seis entrevistas, sendo quatro no formato presencial e em locais reservados, e duas no formato on-line, por meio de ferramentas que permitem videochamadas. As entrevistas aconteceram entre dezembro de 2023 e janeiro de 2024, e tiveram duração média de quarenta minutos.

Foram entrevistados cinco homens e uma mulher, em posições executivas em grandes corporações nacionais e multinacionais privadas. Embora a seleção de entrevistados tenha sido aleatória em relação ao setor de atuação, nota-se a predominância do mercado financeiro. A faixa etária é de 45 a 61 anos. As entrevistas se deram à medida que algumas pessoas se voluntariaram para serem entrevistadas quando conheceram o tema de pesquisa, uma vez que eram usuárias de medicamentos para foco e concentração no trabalho. Essas pessoas também fizeram indicações de colegas dispostos a participar da pesquisa. Dessa forma, todos os entrevistados já sabiam do que se tratava a entrevista e sabiam que contariam as suas experiências com o uso do medicamento. Isso justifica uma amostragem pequena, uma vez que o tema é um tabu, como veremos nas análises a seguir.

A autodeclaração de uso não é comum e, portanto, podemos considerar seis entrevistados um bom número para este estudo.

Resultados

Analisando o conteúdo das entrevistas e com base na estrutura da pesquisa, observam-se sete temas para a compreensão do fenômeno do uso de medicamentos para aumento de produtividade nas organizações, conforme quadro a seguir:

Temas	Subtemas
Motivadores de uso	
Contexto de vida	
Acesso ao medicamento	
Impactos (físico e comportamental)	Benefícios Efeitos colaterais
Produtividade no trabalho	
Percepção do movimento nas organizações	
Dependência	

Motivadores de uso

As entrevistas eram iniciadas com a contextualização do tema da pesquisa, além de os entrevistados serem questionados a respeito do que sabiam sobre o tema e o que gostariam de compartilhar. Mesmo sendo a primeira abordagem mais aberta em relação ao que gostariam de dividir sobre o assunto, os primeiros comentários eram, comumente, sobre os motivadores de uso, em torno de três aspectos: produtividade, energia e disposição, e emagrecimento. Foi unânime nos relatos o uso do Venvanse para essas finalidades.

No caso da produtividade, um dos entrevistados trouxe a competição como um motivador, já que concorrentes, sabidamente, estavam tomando o Venvanse e a percepção era de vitalidade e disposição, traduzidas em uma postura de competitividade mais agressiva por uma determinada posição no mercado. Em seu relato, a sua curiosidade para tomar o medicamento se deu a partir de uma visita a um amigo na empresa concorrente. Ele disse que "todos ali estavam de Venvanse" e, a partir de então, começou a consumir.

Outro motivador na busca por produtividade no trabalho foi o relato de percepção de desânimo e vontade de usar mais agressividade nas relações de negócios e na tomada de decisões. O entrevistado disse se sentir "pouco agressivo" em suas negociações e considerou o Venvanse como uma possível solução para essa questão.

No caso do motivador "emagrecimento", apareceram, em algumas falas, os benefícios do uso do medicamento na disposição e na produtividade no trabalho (que, mesmo sendo motivadores secundários, passaram a ser apreciados). Em um dos depoimentos, o executivo trouxe a questão do sobrepeso como fator de sonolência e baixa concentração. Ao ser apresentado ao Venvanse pelo seu endocrinologista, que alegou ser um medicamento efetivo para ajudá-lo a focar mais no seu trabalho, render melhor e também ajudar a controlar a questão da compulsividade alimentar, decidiu começar a tomá-lo.

Outro entrevistado afirma que começou a tomar o Venvanse para emagrecer e que foi muito bom para a concentração e o foco, o que ele não buscava inicialmente, mas que recebeu como um bônus.

Um dos entrevistados relatou já estar em um processo de emagrecimento e, por ter tirado os carboidratos da sua dieta, buscou o Venvanse como repositor de energia e disposição, percebendo esse efeito com o consumo.

Analisando os motivadores de uso dos entrevistados, podemos notar que, dos seis indivíduos, dois foram motivados por competição e produtividade no trabalho, três foram motivados para perder peso (dentre os quais dois perceberam o valor dos efeitos na produtividade no trabalho) e um já estava em processo de emagrecimento e, pelos efeitos colaterais da dieta, usou o medicamento como repositor de energia e disposição. Nota-se que todos, mesmo os que buscaram o medicamento inicialmente para perda de peso, tiveram conhecimento dos efeitos na produtividade, com aumento de energia e disposição, antes de usá-lo.

Como pesquisado na literatura, na sociedade contemporânea, a busca pela excelência e pelo alto desempenho no ambiente corporativo tem sido uma constante.

Contexto de vida

Foi importante entender o contexto de vida dos entrevistados, nos âmbitos pessoal e profissional, no momento em que decidiram usar o medicamento, de forma que fosse possível traçar um paralelo com seus motivadores de uso. Ansiedade, depressão, instabilidade emocional, compulsão alimentar, sobrepeso, pressão e sobrecarga de trabalho aparecem nos relatos dos entrevistados.

Para um deles, a vida pessoal e profissional estava conturbada: o término de um relacionamento e a pressão para dar conta dos seus múltiplos papéis no trabalho deixaram-no depressivo.

Para outro entrevistado, além das questões de sobrepeso e compulsão alimentar, relatadas como principais motivadores, no momento do seu primeiro contato com o Venvanse havia um quadro depressivo, decorrente de algumas dificuldades financeiras presentes em sua vida na época.

O TDAH aparece como diagnóstico no caso de outro profissional, que acrescentou estar em um momento de alta demanda de trabalho no mercado financeiro quando começou a tomar o Venvanse.

A dificuldade em conseguir emagrecer fez com que um executivo buscasse alternativas, uma vez que o Ozempic, medicamento que usava para esse fim na ocasião, causava efeitos colaterais como bloqueio na garganta quando comia e fortes enjoos.

Em outros dois relatos, o quadro depressivo apareceu antes do uso do Venvanse. Em um dos casos, o executivo tomava Prozac para tratar a depressão. No outro caso, o tratamento para depressão interferiu na sua disposição; ele se percebia menos ativo e deixava de realizar coisas de que gostaria, pessoal e profissionalmente. O Venvanse foi a alternativa encontrada para lidar com esse contexto.

Com base nesses dados, percebemos uma relação direta — e, em alguns casos, indireta — do momento de vida com o motivador de uso de Venvanse: casos de depressão, tentativas de perda de peso, alta demanda e pressão no trabalho. Outro dado que podemos observar são os relatos de dispersão e dificuldade de concentração em alguns entrevistados (embora apenas um deles tenha relatado ter diagnóstico de TDAH), que podem estar associados ao momento de vida.

Acesso ao medicamento

O acesso ao medicamento se dá por vários meios, tais como: prescrição dos médicos (geralmente psiquiatras, nutrólogos ou endocrinologistas), compra sem receita no mercado clandestino ou, até mesmo, por oferta de amigos.

Dois dos entrevistados relatam terem tido acesso ao Venvanse sem receita, no mercado clandestino. Alfa (masculino) diz ser mais barato comprar no mercado clandestino do que com receita, nas farmácias.

Outro profissional conta que poderia ter tomado quando recebeu de um amigo, mas achou melhor conversar com seu médico.

Os demais entrevistados relatam terem tido o seu primeiro contato com o Venvanse com prescrição médica de psiquiatras, nutrólogos e endocrinologistas.

Entendemos que o acesso pode ser facilitado quando amigos oferecem o remédio para outros e quando existem canais de venda ilegal (sem receita) pela metade do custo. A facilitação do acesso pode ampliar o consumo, sem que se tenha indicação ou acompanhamento médico. Com o acesso a medicamentos sem prescrição, facilitado pela internet e pelas redes sociais, a prática do seu uso indiscriminado pode crescer nas organizações.

Impactos (físicos e comportamentais)

A partir das entrevistas, foram verificados os impactos do medicamento nos usuários. A percepção dos benefícios e dos efeitos colaterais aparece detalhada nos subtemas a seguir.

Benefícios

Conforme dados coletados nas entrevistas realizadas, quatro aspectos foram identificados como principais benefícios no uso do Venvanse:

- Aumento do foco e da concentração;
- Maior disposição para tarefas e atividades físicas, sem procrastinar;
- Sensação de energia e vitalidade;
- Perda de peso.

Todos os entrevistados enfatizam que o remédio aumenta o foco, a concentração e a disposição, dando uma sensação de mais energia e melhoria da performance no trabalho. Relatos como: "você lembra mais as coisas"; "claramente me deixava ligado"; "aquelas molezas que dão durante o dia acabaram" e "não tenho mais dispersão" reforçam estes benefícios.

A sensação de foco no objetivo também aparece como um benefício da medicação: começar e terminar uma atividade, fazer com que as coisas aconteçam e não deixar pendências.

A questão da perda de peso e do aumento da disposição para fazer atividades físicas também foi ressaltada como um benefício, inclusive com reflexos positivos no trabalho.

Relatos encontrados na literatura revelam que alguns medicamentos nootrópicos, atualmente disponíveis para pacientes com distúrbios de memória, também podem aumentar o desempenho em pessoas saudáveis.

Efeitos colaterais

Como efeitos colaterais, os entrevistados foram unânimes em relatar perda do apetite e dificuldade para dormir. Todos relataram que passam o dia produzindo, por não pararem para comer, e seguirem na madrugada, por falta de sono.

Adicionalmente à falta do apetite e à perda do sono, um dos entrevistados fala que se percebe menos paciente e com efeitos negativos no relacionamento, e outro relatou agitação e perda da capacidade de escuta, o que também afetou o seu relacionamento.

Outro relato de capacidade de escuta comprometida dava como exemplo a interrupção do raciocínio das pessoas da equipe e interferência nas análises mais estratégicas. O entrevistado tomava decisões rápidas e de curto prazo, mas com pouca paciência para buscar mais informações e fazer leituras de cenário mais amplas.

Nota-se que há pouca informação sobre os efeitos do uso do medicamento a longo prazo. O que se sabe sobre efeitos colaterais fisiológicos — claramente identificados nesta amostragem — são a perda do sono e do apetite. Todos relatam terem esses sintomas com diferentes níveis de intensidade, a depender da dosagem ou até mesmo da reação de cada organismo. Os efeitos colaterais comportamentais aparecem como: irritabilidade, falta de paciência e perda da capacidade de escuta, que pode prejudicar relações. No âmbito profissional, a perda da escuta e do senso crítico podem interferir em análises ou tomadas de decisões mais estratégicas.

Produtividade no trabalho

A sensação de aumento de produtividade com o uso do medicamento e a satisfação por esse aumento e por seus impactos positivos aparecem em todos os relatos, mesmo para os que começaram a tomar o medicamento com o objetivo de emagrecer, seja por estarem mais atentos ou por não terem que parar de trabalhar para almoçar, dada a perda do apetite.

Um relato assinala que, ao deixar de procrastinar e de deixar coisas para o outro dia, sentiu aumento na sensação de produtividade, pois as coisas são feitas e entregues com rapidez. Outro aponta que trabalhos difíceis de serem realizados — e que eram pedidos com urgência — passaram a ser feitos durante a madrugada, com disposição, e entregues no dia seguinte. E isso surpreendia os colegas de trabalho.

Foi identificado, em alguns depoimentos, que o medicamento é usado principalmente, ou exclusivamente, para a rotina de trabalho. Os entrevistados alegam ter, ali, maior pressão por comprometimento, tensão e necessidade de foco e concentração. Portanto, não é consumido aos finais de semana ou durante o período de férias. A percepção de que os finais de semanas são "mais *relax*" ou de que, nas férias, "dá para ficar mais tranquilo" reforça essa análise.

Percepção do movimento nas organizações

Considerando o número de entrevistados para esta pesquisa, foi importante investigar a percepção desse público sobre a disseminação do uso de medicamentos para aumento de produtividade nas organizações.

Depoimentos como os que vêm a seguir elucidam a percepção do uso do Venvanse de maneira disseminada nas organizações, embora todos concordem que não se fala sobre o tema de forma aberta: "As pessoas não falam que tomam, não querem que saibam que estão tomando"; "Vejo muitas pessoas nas entrelinhas, mas ninguém fala"; "Por tomar, percebo quem toma... a pessoa [fica] mais agitada, bem obstinada"; "Eu leio. Eu vejo que principalmente o pessoal do mercado financeiro, a maioria toma"; "Quem toma parece aquelas formigas atômicas, dá para perceber"; "Eu acho que tem muita gente tomando".

Os motivos para as pessoas não falarem sobre o uso do remédio podem estar relacionados a dúvidas em relação às questões éticas (se pode ser considerado ilícito) e ao receio de julgamento ou preconceito. Ou, ainda, por não quererem atribuir a melhora ao uso de medicamentos, mas sim a esforços próprios.

Um ponto importante que apareceu em dois relatos foi a palavra "doping" relacionada ao uso do medicamento, o que mostra um possível motivo para as pessoas não revelarem o seu uso nas organizações. O doping esportivo é considerado totalmente incompatível com o espírito esportivo e, por isso, é condenado. Assim também parece ser no ambiente corporativo.

Dependência

Um achado importante e adicional, advindo das entrevistas, é a questão da dependência. Em alguns relatos, encontramos uma espécie de dependência psicológica ao remédio, um medo de ganhar peso ou de não ter mais a mesma performance se as pessoas pararem de usar o medicamento.

Mesmo tendo atingido o objetivo de emagrecer com o Venvanse, um entrevistado preferiu continuar por mais um tempo, pelos benefícios na produtividade: "Quando eu conseguir perder dez quilos eu paro. Já perdi catorze quilos e não quero parar, pedi para diminuir a dosagem." Outros trazem novas questões: "Sempre penso se saiu alguma coisa nova e mais potente... não consigo pensar em parar, só quando eu me aposentar"; "Se eu parar agora, muita coisa vai voltar"; "Não sei se é difícil parar, mas dá uma insegurança."

Pelos relatos dos entrevistados, percebe-se que muitos criam uma dependência dos efeitos positivos do medicamento, e que existe um temor de perder esses efeitos ao parar de tomar a medicação. Existe também uma expectativa do que pode vir de mais potente, pois também há uma percepção de manutenção depois de um tempo de uso, como se o efeito fosse se normalizando.

Considerações finais

Esta pesquisa qualitativa semiestruturada utilizou, como técnica de coleta de dados, entrevistas individuais realizadas presencialmente e on-line. Como objetivo principal, buscou-se estudar o fenômeno do doping corporativo, que se dá principalmente pelo uso de Venvanse, medicamento para TDAH que, nesse caso, é usado por indivíduos sem a doença, com o intuito de melhorar sua performance corporativa. Outro objetivo foi de analisar o impacto do uso do medicamento nos indivíduos e nas organizações. Não foi objetivo deste estudo avaliar as questões éticas associadas ao tema, assim como não foi o aprofundamento nas questões de saúde no ambiente corporativo, embora haja espaço para esses temas relevantes em pesquisas futuras.

Os entrevistados são pessoas do mercado que, ao terem contato com o tema da pesquisa, contribuíram voluntariamente por usarem ou terem usado o medicamento. Todos os entrevistados sabiam antecipadamente sobre o tema, e sobre o sigilo e a confidencialidade dos dados.

Segundo a Associação Brasileira do Déficit de Atenção, o TDAH é um transtorno neurobiológico, de causas genéticas, que aparece na infância e, frequentemente, acompanha o indivíduo por toda a vida. Ele se caracteriza por sintomas de desatenção, inquietude e impulsividade, e é uma doença reconhecida pela Organização Mundial da Saúde (OMS). O Venvanse, nome comercial da lisdexanfetamina, é um medicamento derivado da anfetamina, psicoestimulante do sistema nervoso central e é, hoje, a principal droga para o seu tratamento. Portanto, quando uma pessoa que não tem TDAH usa esse medicamento, seu sistema nervoso central é estimulado a funcionar mais, e existe um aumento de atenção, foco e concentração.

No mercado de trabalho, principalmente nos seus níveis executivos, onde existe a pressão do negócio, da concorrência e de importantes tomadas de decisão, sempre houve uma crescente busca por performance, resultados e metas. Nos últimos tempos, foi comum ver grandes empresas apoiando os executivos a encontrarem equilíbrio por meio de programas de liderança, *mindfulness* e até práticas de esportes como meio de bem-estar. Várias estratégias já foram utilizadas para ajudar a melhorar os resultados. Mas, atualmente, percebe-se também um movimento do uso de medicações para melhorar a produtividade: o "doping corporativo", como denominado neste estudo.

Pelos achados de pesquisa, apoiada por referenciais teóricos, existe uma percepção geral, no mercado de trabalho, de que muitas pessoas estão usando o Venvanse como forma de melhorar sua performance. E, para não terem a sensação de "ficar para trás", muitos iniciam seu uso. Além disso, sintomas de depressão, crises de ansiedade, estresse e a pressão de trabalhos que exigem um alto rendimento levam muitos profissionais a fazerem acompanhamento médico com psiquiatra. Em muitos casos, o próprio psiquiatra é quem prescreve o medicamento para melhorar o rendimento e para atenuar o efeito do uso de um antidepressivo ou de um ansiolítico, substâncias que podem deixar seu usuário mais calmo.

Também é frequente a prescrição de Venvanse por nutrólogos e endocrinologistas, pois o medicamento tem um efeito de controlar o apetite, fazendo com que seu usuário perca a fome e, com isso, emagreça. Há muito é conhecido que o grupo das anfetaminas tem, como um dos seus efeitos, a diminuição da fome, e há algumas décadas esses medicamentos têm sido utilizados como moderadores de apetite. A perda de apetite é algo frequente entre os usuários, e é o motivo pelo qual muitos começam a usar tais medicamentos. Mas mesmo os que iniciam por esse motivo acabam apreciando os efeitos como disposição, energia, foco e concentração. Para muitos, a perda de peso está associada a uma melhor performance no trabalho, e até mesmo ao tempo economizado, ao não parar para almoçar — o que dá, ao usuário, mais tempo para trabalhar. Se considerarmos que alguém acima do peso tende a produzir menos e a ficar menos disposto, esse efeito também contribui para uma melhoria da performance corporativa.

Há uma percepção unânime de que os usuários têm melhoria real no foco, na concentração, na atenção e, por isso, acreditam ter tido melhoria na produtividade. Têm mais facilidade para se preparar para situações que exigem maior dedicação e entrega, sentem-se mais dispostos, menos propensos a procrastinar. Porém, há dúvidas entre alguns deles sobre a qualidade de suas entregas quando usam o medicamento e sobre a capacidade de manter uma análise crítica dos fatos, uma vez que o Venvanse ajuda apenas a focar na tarefa.

Os efeitos colaterais relatados na pesquisa são a perda do apetite e do sono, e a dificuldade para dormir. Agitação, perda da capacidade de escuta e irritação também são sintomas frequentes. Apesar disso, e independentemente de todos os possíveis efeitos adversos e da discussão ética sobre o seu uso, pelo efeito de melhoria no foco e na concentração, o Venvanse pode ser caracterizado como um poderoso instrumento de doping corporativo.

Alguns dos usuários preferem não tomar o medicamento aos finais de semana, pois entendem que o foco é necessário nos dias e horários de trabalho e que, aos sábados e domingos, podem relaxar e "serem eles mesmos".

Existe uma percepção generalizada sobre o uso disseminado do medicamento no mundo corporativo, mas é algo sobre o qual não se comenta abertamente. Quem usa o medicamento prefere que os colegas não saibam disso, seja por medo de julgamentos ou pelo risco de ser um hábito ainda considerado, de alguma forma, ilícito. Mas, por se tratar de algo que altera a performance no mundo corporativo, e por ser um medicamento com efeitos colaterais a longo prazo ainda desconhecidos, é um tema que precisa ser discutido com mais profundidade pelos indivíduos e pelas organizações. Este é um dos objetivos deste trabalho: jogar luz sobre o tema, tão importante e delicado.

Uma rede de acesso ao medicamento por formas não convencionais, por aplicativos como WhatsApp, também foi mencionada, o que causa um paralelo entre o uso desse medicamento e o uso de substâncias ilícitas; e torna mais difícil o seu controle.

Os efeitos positivos do medicamento são apreciados pelos usuários, e muitos têm medo de voltar a ganhar peso ou de perder o foco se interromperem o uso. Mais um motivo para este tema ser posto à luz, visto que é um remédio que, no mínimo, pode causar dependência psicológica.

Este estudo apresenta contribuições, assim como limitações. Primeiramente, por ter uma amostragem de seis entrevistados, não se pode representar o total dos executivos do universo empresarial do mercado brasileiro. A segunda limitação está na falta de entrevistas com profissionais da área da saúde e de Recursos Humanos. Isso ajudaria a entender o fenômeno sob mais pontos de vista e contemplaria mais variáveis.

Como sugestão para pesquisas futuras, além de explorar as limitações deste estudo, observa-se a oportunidade de:

- Estudar os possíveis efeitos deletérios, na saúde dos usuários, a médio e longo prazos;
- Avaliar os impactos na saúde física e mental no ambiente de trabalho, e como as organizações podem abrir espaço para se falar sobre o tema;

- Entender, do ponto de vista das organizações, os impactos nos critérios internos de bonificação e nas métricas do sistema de meritocracia entre os profissionais que utilizam medicamentos para performar e aqueles que não usam;
- Estudar as questões éticas envolvidas no uso de medicamentos, principalmente sob dois aspectos: quando não prescritos e adquiridos de forma irregular, e quando há políticas e critérios de reconhecimento nas organizações.

As contribuições deste estudo estão no aprofundamento do tema "doping corporativo", com base no recorte populacional escolhido, servindo de referência para organizações e interessados pelo tema, que podem compreender, segundo o ponto de vista dos usuários, os motivadores e os impactos do uso desse tipo de medicamento — tanto nos profissionais quanto nas organizações.

A pesquisa contribui, também, como um alerta para as organizações, em relação a um fato relevante e contemporâneo que vem crescendo e que pode não estar no radar das empresas e nas agendas estratégicas de pessoas.

O NOVO ESTILO DE VIDA

O futuro não é mais como era antigamente.

(Renato Russo)

Como mencionei no início, não pretendo trazer aqui um posicionamento sobre o tema, com rótulos de positivo ou negativo; nem mesmo apontar responsabilidades. Eliminar o juízo de valor me coloca em um lugar de pesquisa, trazendo fatos, impactos e questionamentos.

Por tudo o que foi mencionado, podemos estar diante de uma prática estimulada pelo estilo de vida contemporâneo, que nos coloca na busca por artefatos que acelerem o nosso processo de performance na vida.

Quando olhamos para o contexto corporativo de forma ampla, podemos perceber os três principais motivadores de uso da medicação como recursos para se atingir resultados, assim como no esporte: o político/cultural, o coletivo e o individual.

Político/Cultural — quando o ambiente corporativo, de forma geral, estimula a alta performance constante e a competição como formas de superação de metas.

Coletivo — quando há um grupo consolidado na prática do consumo, com resultados diferenciados. Para pertencer ao grupo (ou conseguir alcançar a mesma performance), é necessário aderir ao movimento.

Individual — quando existe uma autocobrança, ou alguma questão individual que estimule o sujeito a buscar recursos próprios para ter os resultados esperados.

Um questionamento que me acompanhou na pesquisa é se essa prática é de responsabilidade única e exclusiva do indivíduo, que tem autonomia para fazer as suas escolhas e buscar os recursos que queira para lidar com os desafios da sua vida. Ou se essa prática, consolidando-se no ambiente de trabalho, torna-se uma responsabilidade da empresa, uma vez que passa a fazer parte, com os seus impactos, da dinâmica corporativa. Alguns autores defendem a primeira hipótese e outros a segunda, ambos com argumentos bastante coerentes.

Por isso acredito que devamos falar cada vez mais sobre o assunto, levando conhecimento para todos os envolvidos; assim, as decisões (tanto individuais como corporativas) ficam mais conscientes, sendo tomadas com uma clareza de seus prós e contras — e menos motivadas por uma tendência.

Coloquei o indivíduo e a empresa como personagens principais da história, mas não posso deixar de mencionar o setor da saúde como importante neste movimento, em especial os médicos e a indústria farmacêutica. Uma possível leniência médica ou interesses exclusivos da indústria de medicamentos podem ser viabilizadores desse consumo indiscriminado, que pode ser transitório ou uma prática consolidada.

Existem questões em jogo nessa trama.

Em primeiro lugar, a saúde das pessoas. É importante a busca por qualidade de vida e de bem-estar. Novamente, não julgo contextos de vida que levem o indivíduo a essa busca, se necessário. Existem vários recursos que podem ajudar no bem-estar e na qualidade de vida, e o medicamento pode ser um deles, acompanhado por médicos e de forma consciente. Por outro lado, se esse recurso leva a um bem-estar momentâneo, com efeitos deletérios à saúde no médio e longo prazos, por sua prática indiscriminada, sem controle ou sem a consciência de seus efeitos, estamos em contexto que requer cuidado e atenção.

Um segundo ponto é como as empresas lidam com essa questão sob os aspectos cultural e ético, e nas suas práticas de gestão. Vale avaliar se há um incentivo para que as pessoas performem mais do que realmente seja possível. O adoecimento dos profissionais pode ser desastroso para as empresas, mas não só para o mercado. Podemos perder talentos no médio e longo prazos por adoecimento ocasionado por uma prática equivocada, e talvez até incentivada, no ambiente corporativo.

Não há dúvida de que estamos vivendo a era do doping e que ele ultrapassa a barreira esportiva. Nós nos dopamos para levar a vida mais facilmente e com menos dor, menos dificuldades e mais realizações imediatas. O doping passa a ser o novo estilo de vida, e precisamos falar sobre isso.

REFERÊNCIAS

ADVOKAT, Claire; SCHEITHAUER, Mindy. Attention-deficit hyperactivity disorder (ADHD) stimulant medications as cognitive enhancers. *Front. Neurosci*, v. 7, n. 82, 2013. Disponível em: https://www.frontiersin.org/journals/neuroscience/articles/10.3389/fnins.2013.00082/full. Acessado em: 30 jan. 2025.

AMERICAN PSYCHIATRIC ASSOCIATION (APA). *Manual diagnóstico e estatístico de transtornos mentais: DSM-5*. 5. ed. Porto Alegre: Artmed, 2014.

ASSOCIAÇÃO BRASILEIRA DO DÉFICIT DE ATENÇÃO (ABDA). O que é TDAH? Disponível em: https://tdah.org.br/sobre-tdah/o-que-e-tdah/. Acessado em: 3 jan. 2024.

AUBERT, Nicole. Hyperformance et combustion de soi. *Études*, v. 405, pp. 339-351, 2006.

BATISTA Jr., João. Rede de anfetamina. *Revista Piauí*, n. 190, 2022. Disponível em: https://piaui.folha.uol.com.br/materia/rede-de-anfetamina/. Acessado em: 22 ago. 2022.

BOJE, O. Doping. *Bulletin of the Health Organization of the League of Nations*, n. 8, pp. 439-469, 1939.

BOWMAN, Elizabeth et al. Not so smart? "Smart" drugs increase the level but decrease the quality of cognitive effort. *Science Advances*, v. 9, n. 24, 2023.

BRENNAN, Brian P.; KANAYAMA, Gen; POPE Jr., Harrison G. Performance-enhancing drugs on the web: A growing public-health issue. *The American Journal*, v. 22, n. 2, pp. 158-161, 2013.

BURKE, Ronald J.; FISKENBAUN, Lisa. Work hours, work intensity and work addition: Risks and rewards. In:

CARTWRIGHT, Susan; COOPER, Cary L. (orgs.). *The Oxford handbook of organizational well-being*. Oxford: Oxford University Press, 2009, pp. 267-299.

CAKIC, V. Smart drugs for cognitive enhancement: ethical and pragmatic considerations in the era of cosmetic neurology. *J Med Ethics*, v. 10, n. 35, pp. 611-615, 2009. Disponível em: https://pubmed.ncbi.nlm.nih.gov/19793941/. Acessado em: 30 jan. 2025.

COMITÊ OLÍMPICO DO BRASIL (COB). *História do doping*. Disponível em: https://www.cob.org.br/pt/galerias/videos/historia-do-doping. Acessado em: 3 nov. 2023.

CRESWELL, John W. *Projeto de pesquisa: métodos qualitativo, quantitativo e misto*. Porto Alegre: Artmed, 2007.

DALE, Karen; BLOOMFIELD, Brian. *Uma revisão do futuro do trabalho: drogas que melhoram o desempenho*. EU-OSHA, 04 fev. 2016. Disponível em: https://oshwiki.osha.europa.eu/pt/themes/review-future-work-performance-enhancing-drugs. Acessado em: 30 jan. 2025.

DOPING. In: MICHAELIS, *Dicionário On-line de Português*. São Paulo: Editora Melhoramentos, 2023. Disponível em: https://michaelis.uol.com.br/busca?r=0&f=0&t=0&palavra=doping. Acessado em: 3 nov. 2023.

FIOCRUZ BRASÍLIA. Metade dos adultos brasileiros com obesidade em 20 anos. Disponível em: https://www.fiocruzbrasilia.fiocruz.br/quase-metade-dos-adultos-brasileiros-viverao-com-obesidade-em-20-anos/#:~:text=Hoje%2C%2056%25%20dos%20adultos%20brasileiros,e%2047%20milh%C3%B5es%20com%20sobrepeso. Acessado em: 20 dez. 2024.

FLICK, Uwe. *Desenho da pesquisa qualitativa*. Porto Alegre: Artmed, 2009.

FREIRE FILHO, João. A nova mitologia esportiva e a busca da alta performance. *Comunicação & Cultura*, n. 13, pp. 39-52, 2012. Disponível em: https://doi.org/10.34632/comunicacaoecultura.2012.627. Acessado em: 24 jan. 2024.

FOLHA DE SÃO PAULO. Marion Jones busca recorde de ouros. 22 ago. 1999. Esporte/Atletismo. Disponível em: https://www1.folha.uol.com.br/fsp/esporte/fk22089922.htm. Acessado em: 17 dez. 2024.

GARASIC Mirko D.; LAVAZZA, Andrea. Performance enhancement in the workplace: why and when healthy individuals should disclose their reliance on pharmaceutical cognitive enhancers. *Front Syst Neurosci*, v. 9, 2015. Disponível em: https://www.frontiersin.org/journals/systems-neuroscience/articles/10.3389/fnsys.2015.00013/full. Acessado em: 30 jan. 2025.

GERMER, Chris. Teaching mindfulness in therapy. In: GERMER, Christopher; SIEGAL, Ronald D.; FULTON, Paul R. (eds.). *Mindfulness and psychotherapy*. New York: The Guilford Press, 2005, pp. 113-129.

GIL, Antonio Carlos. *Como fazer pesquisa qualitativa*. Barueri, SP: Atlas, 2021.

GIOIA, Ted. The State of the Culture. Substack, 18 fev. 2024. *The Honest Broker*. Disponível em: https://www.honest-broker.com/p/the-state-of-the-culture-2024?utm_campaign=post&utm_medium=web. Acessado em: 6 fev. 2025.

GREELY, Henry; SAHAKIAN, Barbara; HARRIS, John et al. Towards responsible use of cognitive-enhancing drugs by the healthy. *Nature*, n. 456, pp. 702-705, 2008. Disponível em: https://pubmed.ncbi.nlm.nih.gov/19060880/. Acessado em: 30 jan. 2025.

GREEN, Francis. Why has work effort become more intense? *Industrial Relations*, v. 4, n. 43, pp. 709-741, 2004.

HAMILTON, Tyler; COYLE, Daniel. *A corrida secreta de Lance Armstrong: a vida real dentro do pelotão de elite — as mentiras, as coberturas e a verdade sobre o maior ciclista do mundo*. São Paulo: Intrínseca, 2013.

HEILBRUNN, Benoîte. Introduction: (re-)penser la performance. In: HEILBRUNN, B. (org.). *La performance, une nouvelle idéologie?* Paris: La Découverte, 2004, pp. 5-12.

HITT, Michael; MILLER, Chet; COLELLA, Adrienne. *Comportamento organizacional — uma abordagem estratégica*. Rio de Janeiro: LTC, 2007.

HOBERMAN, John. *Mortal engines*. New York: Free Press, 1992.

HOLT, Richard I.G.; EROTOKRITOU-MULLIGAN, Ioulietta; SÖNKSEN, Peter H. The history of doping and growth hormone abuse in sport. *Growth Hormone & IGF Research*, v. 19, n. 4, pp. 320-326, 2009. Disponível em: https://doi.org/10.1016/j.ghir.2009.04.009. Acessado em: 24 jan. 2024.

LANNI, Cristina et al. Cognition enhancers between treating and doping the mind. *Pharmacol. Res.* n. 57, pp. 196-213, 2008. Disponível em: https://pubmed.ncbi.nlm.nih.gov/18353672/. Acessado em: 30 jan. 2025.

LEON, Matthew R.; HARMS, Peter D.; GILMER, Declan O. PCE use in the workplace: The open secret of performance enhancement. *Journal of Management Inquiry*, v. 28, pp. 67-70, 2019. Disponível em: https://doi.org/10.1177/10564926 18790091. Acessado em: 4 jan. 2024.

LES ECHOS. La face cachée de la performance. [Entrevista com Alain ehrenberg]. *Interview*, 14 jan. 2004. Disponível em: http://archives.lesechos.fr/archives/2004/LesEchos/19072--95-ECH.htm. Acessado em: 5 mar. 2011.

LOPES, Noémia M.; RODRIGUES, Carla F. Medicamentos, consumos de performance e culturas terapêuticas em mudança. *Sociologia, Problemas e Práticas*, n. 78, 2015. Disponível em: http://journals.openedition.org/spp/1921. Acessado em: 24 jan. 2024.

MAITLAND, Arnaud. *O trabalho como mestre*. São Paulo: Editora Dharma, 2003.

MARCELLI, Daniel. La performance à l'épreuve de la surprise et de l'autorité. In: HEILBRUNN, Benoît (org.). *La performance, une nouvelle idéologie?* Paris: La Découverte, pp. 28-42, 2004.

MARCHANT, Natalie L. et al. Modafinil improves rapid-shifts of attention. *Psychopharmacology* (Berl), v. 202, pp. 487-495, 2009. Disponível em: https://pubmed.ncbi.nlm.nih.gov/19031073/. Acessado em: 30 jan. 2025.

MEREU, Maddalena et al. The neurobiology of modafinil as an enhancer of cognitive performance and a potential treatment for substance use disorders. *Psychopharmacology* (Berl), v. 229, n. 3, pp. 415-434, 2013.

MERRIAM, Sharan B.; TISDELL, Elizabeth J. *Qualitative research: a guide to design and implementation*. 4.ed. San Francisco: Jossey-Bass, 2016.

MÜLLER, Richard K. History of doping and doping control. In: THIEME, Detlef; HEMMERSBACH, Peter (eds.). *Doping in sports: Biochemical principles, effects and analysis. Handbook of Experimental Pharmacology*. Berlim, Heidelberg: Springer, 2010. Disponível em: https://doi.org/10.1007/978-3-540-79088-4_1. Acessado em: 24 jan. 2024.

OLYMPICS.COM. Marion Jones. Disponível em: https://olympics.com/pt/atletas/marion-jones. Acessado em: 17 dez. 2024.

PORTER, Gayle. Workaholic tendencies and the high potential for stress among co-workers. *International Journal of Stress Management*, v. 8, n. 2, pp. 147-164, 2001.

RANDALL, Delia C.; SHNEERSON, John M.; FILE Sandra E. Cognitive effects of modafinil in student volunteers may depend on IQ. *Pharmacol Biochem Behav*, v. 82, pp. 133-139, 2005. Disponível em: https://pubmed.ncbi.nlm.nih.gov/16140369/. Acessado em: 30 jan. 2025.

ROBBINS, Stephen P. *Administração: mudanças e perspectivas*. São Paulo: Saraiva, 2000.

SATTLER, Sebastian et al. The rationale for consuming cognitive enhancement drugs in University Students and Teachers. *PLoSOne*, v. 8, n. 7, 2013. Disponível em: https://journals.plos.org/plosone/article%3Fid=10.1371/journal.pone.0068821. Acessado em: 30 jan. 2025.

SEQUEIRA, Manuel. As corridas de pista mais sujas da história. *Revista Atletismo* (13 set. 2022). Disponível em: https://revistaatletismo.com/as-corridas-de-pista-mais-sujas-da-historia/. Acessado em: 23 dez. 2024.

SIEGEL, Ronald; GERMER, Christopher; OLENDZKI, Andrew. Mindfulness: ¿Qué es? ¿Donde surgió? In: DIDONNA, Fabrizio (ed.). *Manual clínico de mindfulness*. Bilbao: Desclée de Bower, 2011, pp. 73-102.

SMITH, M. Elisabeth; FARAH, Martha J. Are prescription stimulants "smart pills"? The epidemiology and cognitive neuroscience of prescription stimulant use by normal healthy individuals. *Psychol Bull*, v. 137, n. 5, pp. 717-741. Disponível em: https://pubmed.ncbi.nlm.nih.gov/21859174/. Acessado em: 30 jan. 2025.

STIEGLER, Bernard. Performance et singularité. In: HEILBRUNN, B. (org.). *La performance, une nouvelle idéologie?* Paris: La Découverte, 2004, pp. 208-250.

UNGERLEIDER, Steven. *Faust's Gold: Inside the East German Doping Machine*. New York: Thomas Dunne Books, 2001.

URBAN, Kimberly R.; GAO, Wen-Jun. Performance enhancement at the cost of potential brain plasticity: Neural ramifications of nootropic drugs in the healthy developing brain. *Front.Syst.Neurosci*, v. 8, n. 38, 2014. Disponível em: https://www.frontiersin.org/journals/psychiatry/articles/10.3389/fpsyt.2020.00053/full Acessado em: 30 jan. 2025.

VENVANSE. [Bula de remédio]. Farmacêutico responsável: Alex Bernacchi. Jaguariúna: Takeda Pharmaceuticals, s.d. Disponível em: https://assets-dam.takeda.com/image/upload/legacy-dotcom/siteassets/pt-br/home/what-we-do/produtos/Venvanse_Bula_Paciente.pdf. Acessado em: 30 jan. 2025.

WOOD, Suzanne et al. Psychostimulants and cognition: a continuum of behavioral and cognitive activation. *Pharmacol Rev*. v. 66, pp. 193-221, 2013. Acessado em: 30 jan. 2025.

YESALIS, Charles E.; BAHRKE, Michael S. History of doping in sport. *International sports studies*, n. 24, v. 1, pp. 42-76, 2002.

YIN, Robert K. *Pesquisa qualitativa do início ao fim*. Porto Alegre: Penso, 2016.

FONTE Minion Pro
PAPEL Pólen Natural 80 g/m²
IMPRESSÃO Paym